动物王国探秘

两栖爬行动物

谢宇　主编

花山文艺出版社

河北·石家庄

图书在版编目（CIP）数据

两栖爬行动物 / 谢宇主编. -- 石家庄 ：花山文艺
出版社，2013.4（2022.2重印）
　　（动物王国探秘）
　　ISBN 978-7-5511-0886-7

Ⅰ．①两… Ⅱ．①谢… Ⅲ．①两栖动物－青年读物②
两栖动物－少年读物③爬行纲－青年读物④爬行纲－少年
读物　Ⅳ．①Q959.5-49②Q959.6-49

中国版本图书馆CIP数据核字（2013）第080247号

丛 书 名：动物王国探秘
书　　名：两栖爬行动物
主　　编：谢　宇
责任编辑：尹志秀
封面设计：慧敏书装
美术编辑：胡彤亮
出版发行：花山文艺出版社（邮政编码：050061）
　　　　　（河北省石家庄市友谊北大街 330号）
销售热线：0311-88643221
传　　真：0311-88643234
印　　刷：北京一鑫印务有限责任公司
经　　销：新华书店
开　　本：880×1230　1/16
印　　张：10
字　　数：170千字
版　　次：2013年5月第1版
　　　　　2022年2月第2次印刷
书　　号：ISBN 978-7-5511-0886-7
定　　价：38.00元

前　言

　　动物是生命的主要形态之一，已经在地球上存在了至少5.6亿年。现今地球上已知的动物种类约有150万种。不管是冰天雪地的南极，干旱少雨的沙漠，还是浩渺无边的海洋、炽热无比的火山口，它们都能奇迹般地生长、繁育，把世界塑造得生机勃勃。

　　但是，你知道吗？动物也会"思考"，动物也有属于自己王国的"语言"，它们也有自己的"族谱"。它们有的是人类的朋友，有的却会给人类的健康甚至生命造成威胁。"动物王国探秘"丛书分为《两栖爬行动物》《哺乳动物》《海洋动物》《鱼类》《鸟类》《恐龙家族》《昆虫》《动物谜团》《珍奇动物》《动物本领》十本。书中介绍了不同动物的不同特点及特性，比如，变色龙为什么能变色？蜘蛛网为什么粘不住蜘蛛？鲤鱼为什么喜欢跳水？……还有关于动物世界的神奇现象与动物自身的神奇本领，比如，大象真的会复仇吗？海豚真的会领航吗？蜈蚣真的会给自己治病吗？……

　　为了让青少年朋友对动物王国的相关知识有更好的了解，我们对书中的文字以及图片都做了精心的筛选，对选取的每一种动物的形态、特征、生活习性及智慧都做了详细的介绍。这样，我们不仅能更加近距离地感受到动物的迷人、可爱，还能更加深刻地感受到动物的智慧与神奇。打开丛书，你将会看到一个奇妙的动物世界。

　　丛书融科学性、知识性和趣味性于一体，不仅可以使青少年学到更多的知识，而且还可以使他们更加热爱科学，从而激励他们在科学的道路上不断前进、不断探索！同时，丛书还设置了许多内容新颖的小栏目，不仅能培养青少年的学习兴趣，还能开阔他们的视野，扩充他们的知识量。

编者

2013年3月

▓▓ 目　录 ▓▓

爬行动物

龟类

鳄鱼

两栖动物

两栖动物概述

两栖动物的起源

　　两栖动物是直接由鱼类演化而来的,是脊椎动物由水生向陆生的进化过渡类型,出现于3.6亿年前的泥盆纪后期。两栖动物生命的初期用腮来呼吸,当成长为成虫时逐渐用肺来呼吸。陆地环境与水环境之间的差异巨大,陆地上空气的含氧量是水中的20倍,而陆地上空气的密度仅为水的千分之一左右,因此,陆地上的运动阻力要比在水中小得多,但同时也没有水的浮力了。

　　陆地地形复杂多变、植被丰富多样,有高山、盆地、草原、森林、沼泽、沙漠、苔原等,为动物的栖息觅食、隐蔽生存等提供了比水环境更为优越的条件。在水

环境中，动物的卵和幼体不容易受到保护，而在陆地上的情况却与之相反，从而使动物的栖息、繁衍更为顺利、安全。但是陆地上也有危机四伏的时候。生活在陆地上的动物在发育方面有一定困难，因为陆地上温度的周期性变化比较强烈，温差变化的幅度也较大，而水体的温差变化则比较小，海水的温度更是近于恒定，所以陆生动物必须解决维持体内生理、生化活动所必需的温度条件。从这里我们也可以看出：水中和陆地都各自存在影响动物生存和繁衍的有利和不利条件。

两栖动物与人类的关系非常密切。许多蛙类及蟾蜍生活在农田里捕食害虫，对庄稼的生长是相当有益的。体型相对较大的两栖类，如虎纹蛙、黑斑蛙，尤其是生活在山溪中的棘蛙类群，是广受人们喜爱的食用蛙种。在我国，两栖动物作为药材用来治病已经很长时间了，如蟾蜍、蟾酥就是沿用已久的传统中药材。此外，两栖动物还可用于科研及医学实验等，大鲵及多种蝾螈也已经成为广受欢迎的观赏和养殖种类。

两栖动物的生活特征

鱼类能完全适应水生生活，那是因为它们的躯体结构和功能的发育较为完善。但是动物如果要登陆上岸，从水生过渡到陆生，不仅要克服环境条件的巨大差异，还必须解决一系列复杂的问题，如在陆地上如何支撑体重并让身体灵活运动，如何呼吸空气中的氧气，如何有效防止体内水分的蒸发，如何在陆地上生育繁殖，如何维持体内生理、生化活动所必需的温度条件，如何让感官适应陆地环境以及如何完善神经系统等。

和鱼类不同的是，两栖动物已经具有了一系列适应陆地生活的特征及能力，如具备强有力的运动器官——趾型附肢，它有助于身体在陆地上灵活运动，从而使登陆成为可能；在陆地环境中，成体用肺和湿润裸露的皮肤来进行呼吸；内脏结构也随着呼吸方式的改变而改变，分别接纳肺静脉

和体静脉的血液，循环系统也作了相应的改变；脊柱分化，其中颈椎是陆生动物的主要特征；颈椎再度分化，从而使头部可以稍微抬起、转动；眼球外的眼睑有助于适应陆地上有阳光的生活；耳朵的内部结构则进一步进化，有助于接收空气中的声波；感觉器官对外界的反应范围也随之扩大，反应速度加快。以上这些身体上的改变都增强了它们的适应与生存能力，从而使它们能在不同生态环境的陆地领域中，世世代代，生生不息。

但是，两栖动物在进化过程中还有两个比较重要的方面发育得不够完善：一是成体的肺不够发达，还需要依赖皮肤进行辅助呼吸，这就要求它们的皮肤要经常保持湿润，才能有助于气体交换；二是繁殖时要采用体外受精的方式，从而只能将卵产于水中，其胚胎发育的过程中没有羊膜，孵出的幼体还需要在水中生活一段时间，经过一个变态阶段才能发育为能在陆地上生活的成体。这就决定了两栖动物不可能像一般的陆栖动物那样，完全生活在陆地上。两栖动物没有抵抗长期干旱的能力，所以不能彻底摆脱对水环境的依赖。

除此之外，两栖动物的新陈代谢水平也较低，体温调节机制还不够完善，本身也无法产生足够的热量及维持恒定的体温。因此，气候及温度的变化对两栖动物的活动产生相当大的影响，比如在严寒的冬季，两栖动物都会进入冬眠，在炎热干旱的夏季也会有夏蛰的现象。

两栖动物的生存繁衍

两栖动物的身体结构及生活特征决定了它们大多只能栖息于潮湿近水的地方。其皮肤裸露，腺体发达，有的腺体会分泌刺激性很强或有毒的物质，有的腺体则分泌浆液以保持皮肤湿润，有助于身体与外界进行气体交换，用来辅助呼吸。两栖动物主要以各种昆虫为食，少数大型种类还会以鱼、鼠、蛇等较大的动物为食，如大鲵吃鱼、蟹及蛙等。两栖动物中的雄性大多没有真正的交配器官，所以它们的生存繁衍方式一般为体外受精，大多为卵生，少数为卵胎生。卵胎生指的是动物的卵在体内受精、体内发育的一种生殖方式。如部分鲨、孔雀鱼、某些毒蛇（如蝮蛇、海蛇）等均会采取卵胎生的方式来繁衍后代。

两栖动物的卵一般都很小，没有坚韧的卵壳，只有卵胶膜保护。两栖动物常将

卵产在水中，也有少数树栖两栖动物会将卵产于叶窝内，并呈悬挂状。如两栖动物孵出的幼体叫"蝌蚪"。在这里需要说明的是，蝌蚪并不单指青蛙的幼体，而是指蛙、蟾蜍、鲵、蝾螈等两栖类动物的幼体。蝌蚪生活在水中，以藻类为食。以后逐渐长出四肢，尾部渐渐萎缩，鳃随之消失而代之以肺，具备成体的形态后，就可以到陆地上生活了。也有终生在水中生活的，如有些低等的蝾螈目动物。

两栖动物的分类

现今生存的两栖动物较多，分布也比较广泛，有四千余种，根据其形态可分为三大目：有尾目、无尾目及无足目。

有尾目

有尾目也叫蝾螈目，其主要特点是体型较长，有头、躯干、尾和四肢。头较扁，口裂或大或小，吻部边缘大多有褶皱，有上下颌及排列形式不一的细齿。舌多为圆形或椭圆形，只有个别种类的舌头可以伸出。外鼻孔位于吻端，眼位于头侧，一般都有下眼睑。颈部较短，躯干长，一般为圆柱状，身体两侧常有10余条排列规则的肋沟，肋沟之间有褶皱。水栖种类的尾呈侧扁状，陆栖种类的尾则呈圆柱状，且尾鳍较厚实。有尾目动物四肢行动力较弱，一般前肢4指、后肢4~5趾，行走或移动时需要借助躯干和尾的弯曲匍匐前进，后肢推动身体向前，腹部则紧挨地面，少数陆栖种类能将躯干稍稍抬起步行，甚至能跑能跳。它们游泳时，则将附肢紧贴身侧，以减少在水中受到的阻力。有的种类的皮肤比较光滑，有的因皮肤腺集中且呈疣粒状而显得很粗糙，少数种类后肢退化或者终生具有鳃或鳃孔。

有尾目动物都没有交配器官，所以它们采取体外受精的方式，即在水中直接完成受精过程，个别种类为卵胎生。

现今有尾目动物主要分布于北半球，但在热带地区也有少量分布。我国现存的有尾目动物主要分为3科、15属，约35种，其中镇海疣螈、贵州疣螈、细痣疣螈、大鲵和红瘰疣螈被列为国家二级保护动物。

两栖动物登陆上岸之谜

两栖动物是从鱼类进化而来的。最初出现于古生代的泥盆纪晚期，繁盛于石炭纪和二叠纪时期，所以，这个时代也被称为"两栖动物时代"。进入中生代以后，出现了现代类型的两栖动物，皮肤裸露而光滑，被称为"滑体两栖类"。

鱼石螈被发现于格林兰东部泥盆纪晚期的（3.5亿年前）地层里，是目前发现的最早的两栖类化石。它的体长约为1米，外形跟总鳍鱼类（一种珍稀鱼类）很像。

如果我们把地球形成至今的46亿年缩减为1年的话，那么大约在那一年的11月15日才有生命的出现。第一只两栖类动物差不多在12月2日出现，12月11日之前都是两栖类的时代，著名的侏罗纪则是在12月14日到19日，而人类的出现则在最后一天的晚上9点左右。

那么，两栖类的祖先为什么不继续在水中生活，而要选择到陆上生活呢？根据古生物学家的研究，在泥盆纪末期已经出现了真陆生植物，地面上的气候潮湿而温热。当时靠近水陆的森林中有较多巨大的植物，其枝叶与残骸落入水中，并日渐腐烂，使得某些近地水域的氧气不足。这样，生活在淡水里的鱼类就面临缺氧和干旱的问题，导致大量的鱼类死亡，而用肺呼吸和具有爬行能力的古总鳍鱼类，则从缺氧或干枯的水池爬到另外的水域去生活。在长期的演变过程中，鳍就变成了足，鳃也被肺取代，原本适应在水中生活的鱼类也就渐渐演化成最早的两栖类动物。但这也只是人类对两栖动物起源的一种推想，也有人认为是两栖动物为躲避天敌的缘故。所以，关于两栖动物的祖先登陆上岸的原因，至今尚无定论。

无尾目

无尾目动物的共同特点是成体和幼体的外形完全不同，成体无尾，可以明显地分为头、躯干和四肢三部分。

无尾目动物幼体外形似鱼，通常生活在水中。它们的成体体型宽短，颈部短小，没有尾和鳃，四肢发达，前肢4指、后肢5趾，跳跃及游泳能力较强。无尾目动物皮肤上的腺体有的在不同部位集中，隆起明显，或成腺褶，或分散成疣粒，有的皮肤上有角质刺。它们的口裂一般均较大，舌头较长，可伸出摄食（如蛙类）；眼大，突出在头侧可窥视其前后环境的影像，有助于准确地捕食周围活动着的昆虫；上颌类有的有齿，下颌无齿。

无尾目雄性均无交配器官，体外受精，卵生（仅个别种类例外），不同种类的卵的大小、数量及色素的深浅是不同的，最少的仅产1枚，多者上万枚。它们的幼体为蝌蚪，孵化后先长出后肢，再长出前肢，尾逐渐被吸收直至消失。

无尾目是现存两栖动物中较为特别、也是进化最成功的一个类群。全世界共有10科、240余属、2 600多种，我国有7科、23属、178种，其中包括最常见的蟾蜍、黑斑蛙等，它们捕食大量田间害虫，是有益的动物。

无足目

无足目也叫蚓螈目，主要特征是身体细长，没有四肢，尾短或无，形似蚯蚓。中国仅有一种，即版纳鱼螈，是我国蚓螈目的唯一代表。

两栖动物的呼吸方式

两栖动物的呼吸方式和水生动物是不一样的，同时也不同于陆生动物。多数两栖动物的幼体在水中生活，开始时它们没有肺，只能通过羽状鳃呼吸。成年后，多数只用肺呼吸，肺就像体内很薄的囊，与微小血管相连，两栖动物把空气吸入肺中，氧气就进入了血管。

小知识

两栖动物感知外界的方式

两栖动物的感觉器官非常发达，其感觉主要包括触觉、视觉、味觉、嗅觉和听觉。有些种类还有感知紫外线和红外线的能力，如蝙蝠和某些蛇类，有的还能感觉到地球磁场的变化。它们能通过触觉感知温度和痛楚，并能对刺激作出反应。作为有渗透性皮肤的冷血动物，它们需要迅速地对外界变化作出反应，比如蝮蛇的头部两侧各有一个感热孔，可以感知0.002℃的温度变化。所以，不同两栖动物的感觉器官的发达程度是不一样的，因此它们感知外界的侧重点也是不一样的，这也体现了它们对外界环境的一种适应与进化。

两栖动物不仅能用肺呼吸,还能通过皮肤呼吸。它们的皮肤很薄,光滑而且湿润,上面覆盖着一层薄薄的黏液,表皮下还有许多血管。空气中的氧气会在黏液外衣中溶解,并从这里进入皮下血管,然后氧气会随着血液流遍全身,从而起到为身体补充氧气的作用。

两栖动物通过以上两种呼吸方式,既能吸进空气中的氧气,又能吸进水中的氧气。另外,两栖动物还能通过嘴里湿润的衬层来进行呼吸,使空气通过薄透湿润的衬层进入口内再把氧气吸入血管。

两栖动物控制体温的方法

水域环境的温度基本处于恒温状态,而陆地环境的温度则是变化无常的,所以,对两栖动物来说,如何控制体温及保持身体温暖是相当重要的。当两栖动物感觉冷时,它们的行动就会变缓,以减少能量消耗来保持体温。等到体温上升后,它们才会四处活动。那么,两栖动物是如何控制体温的呢?

借助阳光的温度

当两栖动物感觉冷时,会借助外界取暖。比如,它们会到有阳光的地方活动,以获取足够的热量,等到身体暖和了又会重新回到阴凉处。

我们知道,两栖动物可以通过湿润的皮肤来进行呼吸,但是,当它们在阳光下取暖时,湿润的皮肤又会给它们带来麻烦。因为它们的皮肤会分泌很多黏液,黏液中的水分会在阳光的照射下变成水蒸气而蒸发掉,在这个过程中它们的身体也会随之消耗更多热量。同时,也会让它们的身体失去很多水分,面临干燥的危险。这也就是两栖动物选择在潮湿地区生活的原因之一。不过,有些生活在干燥地区的蛙类能躲在1米多深的地下待上6个月,直到雨季来临,它们的皮肤表面一般都有一层薄壳,可以防止水分散失。

冬眠和夏蛰

生活在高纬度地区的两栖动物,它们无法在寒冷的冬季得到足够的热量以保持身体活动。在这种情况下，它们会寻找另外的地方，如满是泥泞的池塘底来躲避低温对身体的伤害。这时，它们就会进入一种类似睡眠的状态，这种现象叫作"冬眠"。两栖动物在冬眠期间，心脏跳动缓慢，体温也很低。这时，它们会停止用肺呼吸，而直接通过皮肤来呼吸，以得到维持生命的氧气。还有几种生活在北美洲的青蛙，它们能在十分寒冷的

条件下生存，哪怕体内大部分水分都已变成冰，它们也能安然无恙地活着。

　　生活在热带地区的两栖动物，当它们感觉温度太高时，就会进入夏蛰状态，以躲避高温。夏蛰时期，身体情况类似冬眠。

动物的冬眠现象

美国科学家称，他们已经发现了动物冬眠的奥秘。研究人员用黄鼠实验研究动物的冬眠习性，鉴别并绘制出了启动动物冬眠的两个基因，结果发现这两个基因能够控制合成一种酶，而这种酶与动物冬眠状态的产生是直接相关的。

动物学家利用在黄鼠体内找到的一种基因，它控制合成了一种能分解脂肪酸的酶，这种酶能分解储存在体内的甘油三酯，然后将之转化为黄鼠冬眠时的主要能量来源。另一种基因则能控制一种合成酶，在动物感觉饥饿时便会被激发出来，并能帮助黄鼠保持体内的营养储备。在冬眠开始前后，两个基因的作用都在黄鼠的心脏中得到了体现。

研究人员还发现，动物体内都存有这些基因，但它们在冬眠与非冬眠动物身上的表现是不一样的。胰腺甘油三酯酶仅在非冬眠哺乳动物的胰腺中有体现，对于黄鼠来说，却可以同时出现在胰腺和心脏中。

刺猬处于冬眠状态的时候，呼吸似乎都要停止了。生物学家曾把冬眠中的刺猬放入温水中，30分钟后，它又苏醒了过来。

熊在冬眠时的呼吸正常，有时还会到外面溜达几天再回来。雌熊在冬眠中会用雪覆盖身体，有的雌熊在冬眠醒来后，身旁还会躺着1~2只活泼可爱的小熊，显然这是它们冬眠时产的仔。

青蛙会选择在田埂、池塘边的泥洞里冬眠，不吃不动，处于睡眠状态，直到春季来临。

通过对冬眠动物生活习性的观察及研究，科学家希望鉴别出当动物处在冬眠这类极端状态时，负责保护器官、降低血糖消耗和保持肌肉功能的酶，开发出可以用于人体器官"保质"的新方法，并找到有助于宇航员在长期太空旅行过程中安全进入"类冬眠"状态的方法。

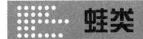
蛙类

认识蛙类

　　蛙类属于两栖动物中的无尾目，包括青蛙、蟾蜍等，它们是最常见的两栖动物。蛙类主要栖息在湖泊、沼泽或其他湿地，也有的生活在草地、山地甚至沙漠中。

　　由于皮肤裸露，不能有效地防止体内水分的蒸发，因此，蛙类的一生都离不开水或潮湿的环境，并且怕干旱、寒冷。所以，蛙类多分布在热带和温带多雨地区。

　　蛙类没有牙齿，所有成年蛙和蟾蜍只能完整地吞下它们的食物，因此，它们会根据自己嘴巴的大小来捕获猎物。它们中的大多数以昆虫、蜗牛和蠕虫为食，部分蛙类还会以鼠、鸟、幼蛇为食，有的种类甚至还吞食同类。

　　蛙类捕食猎物的动作是非常迅速的，当它们看到移动的目标后，就会立刻一跃而起，准确地把目标咬住，随即吞食。即使是身体较大的稻蝗在它们面前跳过，它们也能用舌头快速并且很准确地将其捕食。从它们一连串的捕食动作可以看出，蛙类的舌头很发达，厚而多肉，能分泌很多黏液，舌根倒生在下颌前缘，舌尖很薄，有分叉。捕捉食物时，蛙的舌尖会突然翻出，粘住食物，然后卷入口中。蛙的口腔宽而扁，上颌和口腔上壁有细齿，能有效防止猎物逃脱。蛙的食管宽大而且伸缩性强，能吞下较大的害虫，其胃的消化能力也很强，能把囫囵吞下去的猎物消化得一干二净。

动物王国探秘

蛙的眼睛

蛙的眼睛很特殊，能够敏锐地感知周围活动着的物体，对静止的东西却视而不见。蛙能有效地捕捉住任何小的移动物体，只要虫子在飞，不管飞得多快，往哪个方向飞，它都能清楚地分辨并很快将其捕获。但当猎物静止不动时，蛙类却一点反应都没有。所以，即使将蛙类放在死蚊子堆里，它们也会活活饿死。因为，蛙的视网膜和大脑中的神经元只能对移动着的物体及其大小作出反应，这种能力对蛙类的生存具有很重要的意义和价值。通过对蛙类眼睛的研究，人们受到很多有益的启发，并在此基础上，制造了电子蛙眼。

蛙的肺

平时，蛙都会用皮肤来进行呼吸。因为它们的肺又小又弱，就在它嘴旁，好像一个小气囊，吸进氧气，呼出二氧化碳。和其他两栖动物一样，蛙也只在需要大量空气的时候，才会用肺来进行呼吸，比如快速运动或求偶时。

蛙的繁殖方式

蛙类一般都将卵产在水中，受精卵孵化后会变成蝌蚪，小蝌蚪会在水中生活一段时间，然后变成幼蛙到岸上活动。斑腿树蛙产出的卵就像一团白色的泡沫，更像一团奶油，黏附在水草上。峨眉树蛙会把卵块产在水边的树叶上，卵就在卵块中发育，然后落到湖里继续发育。最有趣的是弹琴蛙，它们会在产卵前先筑一个泥窝，然后把卵产在里面。

有的雌蛙在产卵时，会先从排泄孔里分泌出一些黏液，然后将卵产在这些黏液里，每产一个卵就用后腿伸进黏液中搅拌几下，直到产生丰富的泡沫。然后休息一会儿，再产一个卵，再搅拌，就这样，等到它们生产完毕，一个泡沫巢也就形成了。这些泡沫状的黏液有助于给卵提供一个相对湿润的环境。而雄蛙的任务就是让泡沫中的这些卵受精。一般的卵块都会黏附在突出于水面的树枝上，这样可以避免因巢的干燥导致卵块失水，卵宝宝们便在这个舒适、安全的泡沫巢中慢慢生长发育成蝌蚪。如果这些巢建在干燥无水的地

区，蛙妈妈就会不断跳入水中，用皮肤吸取足够的水分，再返回巢里将巢打湿，以保持巢的湿度。

有一种囊蛙，雌体背部的两边都分布有皱襞，皱襞在生殖时期会逐渐形成一个皮囊，这个皮囊也叫"育儿囊"。在育儿囊的中间留有一条裂缝，其裂缝的长短因蛙的种类不同而不同。当雄、雌蛙的精、卵结合后，雄蛙便会用自己的后肢协助雌蛙将卵纳入囊中。在抚幼阶段，雌蛙一般不走动，耐心地保护着这些受精卵，直到它们顺利出世后，才外出觅食。巴西有一种雨蛙，在它们的生殖季节，雌蛙背部周围的皮褶便会形成一个盘状构造，雄蛙就把精子产在这个"盘子"中，受精卵在"盘子"里发育。雌蛙背着它的下一代，直到孵出小蝌蚪后，才将它们放入水中，让其慢慢地发育长大。

蛙类生存现状

"稻花香里说丰年，听取蛙声一片"。以前，因为蛙类是吃害虫的能手，所以青蛙的叫声对农民来说预示着丰收的希望。如今，现代都市的扩张已经慢慢吞噬了蛙类的栖息地。

地球上的温室效应日益严重，不仅使气候出现了奇怪的变化，也使青蛙出现了奇怪的变色现象。很多地方出现了各种白色、橘黄色甚至粉红色的青蛙。这是一种可怕的变异。

北美洲还发现了很多身体畸形的青蛙，这是由它们生活环境中维生素A复合物的含量过高导致的。维生素A复合物中含有视黄酸，它是一种激素，能控制脊椎动物几个重要方面的发育过程，同时，它的过量也会导致人类的生育畸形。

美国一个著名的动物考察队在巴西亚马孙河流域的热带雨林中，曾经被一种变异的红色"血蛙"和一种"巨蛙"包围。"血蛙"的尾部能喷出浓浓的黑汁，这种黑汁射入人的眼中会导致失明，射在皮肤上则会引起皮肤糜烂；而"巨蛙"更可怕，它们竟然能吃人。此后经科学家研究发现，"血蛙""巨蛙"并不是地球上新发现的蛙，而是人类已知的蛙类的变种。

小知识

蛙对人类的贡献

蛙能消灭害虫，保护庄稼，是一种对人类有益的生物。

那么，一只蛙在一昼夜的时间里到底能捕食多少只虫呢？一只青蛙一天捕食的虫，少则五六十只，多则200只。如此推算，一只青蛙一年至少能吃掉1.5万只虫。当然，这些虫并不全是害虫，但是一年吃1.5万只害虫的估计并不高。同时，青蛙的子女蝌蚪也有吃小虫的本领。一只蝌蚪每天要吃掉100多只孑孓。民谚云："蛙满塘，谷满仓。"对"农田卫士"这一称号，青蛙当之无愧，所以我们要大力提倡爱护青蛙。

青蛙与电子蛙眼

青蛙的眼睛具有四种感觉神经细胞，即四种"检测器"。第一种神经细胞叫反差检测器，能感觉物体的前缘和后缘。第二种叫凸边检测器，只对有轮廓的凸边才能产生反应。第三种叫边缘检测器，对静止和运动物体的边缘感觉最为灵敏。第四种叫变暗检测器，只要光的强弱有变化，哪怕是小昆虫瞬间掠过的阴影，它也能立即感觉出来。四种视觉检测叠加在一起，经过综合分析，青蛙便感觉到了物体的完整图像。

人们根据青蛙眼睛的视觉原理，运用现代电子技术，制造了各种各样的"电子蛙眼"，它们能像蛙眼那样准确识别特定形状的物体，从而在生活中得到了广泛的应用。"电子蛙眼"安装在十字路口，可以监视车辆的行驶情况，拍摄违章车辆的相关镜头；安装在雷达上，能提高雷达抗干扰的能力，迅速准确地识别特定形状的飞机、导弹、军舰、运输船等目标，还能将真假导弹区分开来。

在雷达上安装"电子蛙眼"，机场调度员就像有了"千里眼"，能够准确地监视并掌握飞机的飞行情况，比如航班是否按时到达，哪里可能出现飞机碰撞等。特别是在飞机起降时，调度员可以随时与驾驶员保持密切联系。现在，科学家们还把"电子蛙眼"安装在卫星上，形成了一个新的跟踪系统，能有效地跟踪太空中的卫星，成为名副其实的"千里眼"。

生活在树上的蛙——树蛙

在美洲的墨西哥、巴拿马、尼加拉瓜、危地马拉等地区，有一种非常漂亮而且奇特的树蛙，被人们誉为"林中仙女"。树蛙出生在水里，在岸边长大，成体一生都在树上生活，故而得名。

树蛙体型很小，体长5~6厘米。它们的眼睛是红色的，身体呈绿色，四肢为橙黄色，背上还有一条细长的白色脊柱线，整个体色的搭配十分和谐、鲜艳。树蛙还能随着周围环境的变化而改变体色，它们能将自己伪装成一片绿色的树叶，还能

把自己伪装成一颗果实的样子。这是因为树蛙的皮肤内有蓝、绿、黑等几种色素细胞，当树蛙看到外界环境的色彩后，眼睛产生的视觉信号会迅速传递给大脑，大脑则马上会发出指令，调节内分泌及黑色素细胞的活动，从而使皮肤的颜色产生相应的变化。

树蛙的后腿比前腿长，弹跳力强。树蛙的足趾短而粗，趾间有趾膜相连，趾端还有许多尖细的毛，上面带着一层类似黏胶的物质，所以它们能把自己牢牢地固定在大树上的任何位置。

树蛙在干旱的季节很少出来活动，但在多雨的季节，它们就会表现得比较活跃。据观察，在雨季到来时，它们就会成群结队地离开洞穴，四处活动。

树蛙多栖息在潮湿的阔叶林区及其边缘地带，在伸向水面上空的枝叶上产卵。孵化出的小蝌蚪则会通过运动或被雨水冲刷，到达树下水中，在此继续生长发育并完成变态。

树蛙的生活方式各具特色。斑腿树蛙生活在池塘或稻田旁边的草丛中，卵泡则产在草间或水面上。黑掌树蛙可以从4~5米的高处如抛物线般滑翔到地面，从而也被称为"飞蛙"。海南树蛙栖息在小溪附近，卵产在溪边的水坑内。黑蹼树蛙树栖性很强，身体极扁

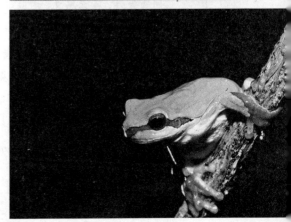

平，胯部细，指、趾间的蹼比较发达，肛部和前后肢的外侧皮肤有褶皱，从而增加了体表面积。从高处向低处滑翔时它们会将蹼张开，从而起到减速降落的作用。在澳大利亚还有一种树蛙，它们的脚指头上都长有一块具有吸附能力的肉垫，所以它们能像壁虎一样，爬树时如履平地，并且专吃树上的昆虫和蜗牛，树上生、树上长，以树为家。北美树蛙的体表为绿色，皮肤光滑，一生基本上都在树上度过，瞳孔对光线的变化十分敏感。它们的脚指头上长有许多很细的毛，同时还能分泌一种黏液，所以它们能轻松地抓住树叶、树枝等较光滑的表面。

小知识

各式各样的蛙

毛蛙，一种喀麦隆蛙，在繁殖季节，浑身会长满细密的绒毛，内含许多血管，有助于呼吸。乍看起来，很像毛茸茸的啮齿动物。

刺蛙，生活在美洲的热带地区。体型很小，有毒，并且具有鲜艳的警戒色。除了腹部是白色的，腹部以外的地方都布满了密密麻麻的黑刺。刺蛙一般在白天活动，受到毒蛇袭击时，还会向同伴发出求救信号。同伴便会立即跑来，用强有力的爪子，紧紧地抓住毒蛇，直到将毒蛇抓死为止。

奶油青蛙，顾名思义，皮肤的颜色和奶油很像。它们的背部是黄色的，十分光滑，就像涂满了奶油一样。

崇阳马青蛙的身体只有大拇指般大小。每年10月，它们总是一群一群来到草地上，以防自己遭受天敌的袭击。但是，非常不幸，它们常常会成为某些大型动物的美餐。

雪蛙，常常栖息在岩洞里，寒冬时才会出来活动。它们的眼皮是红色的，眼皮上长着两根尖硬的刺，作为与天敌战斗的武器。背部呈粉红色。

18

吃青蛙的蛙
——尖吻扩角蛙

尖吻扩角蛙属无尾目树蟾科，主要分布在厄瓜多尔地区。它们的外形很像一片树叶，身体颜色为咖啡色并夹杂着黑色斑点，拥有绝佳的保护色。头部为三角形，吻端及上眼睑处有米粒状的突起，头部后方两边也有角状突起，看起来就像是戴着盔甲一样，因此又叫"盔甲头树蛙"。

尖吻扩角蛙栖息于热带雨林中，主要以其他蛙类为食。尖吻扩角蛙的生殖方式与其他蛙类不同，雄蛙会将卵埋在雌蛙背部的皮肤里，卵在雌蛙背部直接发育成小蛙，然后离开。

食用蛙种——牛蛙

　　牛蛙也叫"喧蛙""食用蛙"。雄蛙有声囊，鸣声洪亮，远听好像牛叫，故称"牛蛙"。

　　牛蛙原产于北美落基山脉一带，我国于1959年引进并进行驯养，被列入我国首批外来入侵物种。体长可达18~20厘米，体色变化多样，雌蛙背面为褐色，雄蛙背面为深绿色。最显著的特征是鼓膜特别大，后肢很长，且趾间有蹼。

　　牛蛙平时生活在池塘、水田附近，以各种昆虫、小鱼及其他小型蛙类为食。每年产卵9万余粒，孵出的蝌蚪大部分要经过1~4年的时间才能完成变态。牛蛙体大肉肥，是世界著名的食用型蛙类，特别是蛙腿在国际市场上十分畅销。除供人们食用外，牛蛙蛙皮还可以制皮革，加工后的皮革经染色处理，可用来制作精美的手套、皮鞋及手提包等。

青蛙通道

城市的发展和交通设施的修建，使得青蛙的栖息地越来越小，青蛙被轧死在公路上的现象也相当普遍，尤其是在青蛙迁移时期。

青蛙有一个定期迁徙繁殖的习惯。每到一定时期，青蛙家族就会举家搬迁。这时，总会有许多青蛙被捕捉或是被轧死在车轮下。针对这种情况，西方一些科学家特地举办了一个有关青蛙穿越公路、铁路的国际会议，并提议要在青蛙经常通过的地方开辟青蛙专用通道，以避免青蛙在道路上通过时受到伤害。这一提议最先受到德国政府的响应和支持。

在德国，凡是青蛙迁移的路段都会有一个醒目的绿色三角形标记。上面画着一只大青蛙，并写着"当心青蛙穿越公路！"。许多德国青年还自愿组成"保蛙队"，一有险情就到现场进行抢救。很多孩子也当起了"青蛙哨兵"，他们在青蛙穿越的公路旁搭起临时帐篷，连夜值班。一发现有青蛙穿越公路，就会马上将它们抓到桶里，然后再将它们送到公路对面去，从而大大降低了青蛙在迁移过程中的死亡率。

瑞士政府也出动大批人马对全国公路作了普查，对最重要的"蛙道"实行封闭。同时，政府规定，今后建造新公路时，必须将"蛙道"建设也考虑在内。凡是青蛙经常通过的路段，都必须埋设直径为30~50厘米的地下管道，以便青蛙可以从地下管道通过公路。

早在1984年，法国政府就拨出10万法郎的专款，在青蛙成群结队经过的路段上建设了12条专为青蛙设计的地道。

把卵背在背上的蛙
——雨蛙

　　雨蛙常在雨天鸣叫，声音洪亮，故而得名。雨蛙的分布范围较广，世界上的雨蛙种类约有250余种，在我国仅有9种。雨蛙体型较小，指、趾末端多膨大成吸盘，背面皮肤光滑，多为绿色。雨蛙多生活在芦苇、灌木丛、高秆作物上或塘边、稻田及其附近的杂草上，少数生活在水中。白天它们一般匍匐在叶片上，黄昏或黎明时活动频繁。雨蛙主要以椿象、象鼻虫、叶甲虫、金龟子、蚁类等为食。

　　中南美洲的雨蛙形态、生态和产卵习性呈现出多样化的特点：头部皮肤骨质化，可防御干旱；有的在叶腋处或树叶上产卵，卵泡被叶片包裹着，有的在池内筑成泥窝之后产卵；雌蛙的背面皮肤在繁殖季节则形成"育儿"场所，如有的背面皮肤有褶，呈"囊袋"状，如囊蛙；有的背部边缘的皮肤隆起形成浅碟状，用来盛卵，如碟背蛙；也有的将卵完全裸露贴在背上。不同种类的蛙产卵的多少、卵的孵出期、蝌蚪的形态等都是不一样的。

翡翠树蛙的发现

　　1981年，台湾师大生物系教授带着学生在台北对两栖动物生态做调查，晚上露营在翡翠水库旁的翡翠谷。夜里，他们听到一种奇怪的蛙鸣声，大家都很好奇，便打着手电筒循着蛙鸣声找去，最后在一家农舍旁的水桶里找到了这只蛙。那只青蛙和一般的青蛙不一样，全身如翡翠般碧绿，蛙背上还有许多草绿色和黄绿色的细疣状条纹，突出的大眼睛发出金黄色的光彩，像是用绿玉雕琢而成。

　　教授和他的学生们从来没见过这种蛙，也查不出它的名称，最后他们将它送往法国自然历史博物馆作鉴定。经过多位生物学家的研究，证实这是一只从未被发现过的树蛙的新品种。因为这种树蛙的身体颜色绿如翡翠，又是在翡翠水库首次发现的，所以取名为"翡翠树蛙"。到目前为止，翡翠树蛙仅发现6只，而最早发现的那只已经被制作成了标本。

如幼婴般大的蛙——巨蛙

巨蛙生活在热带雨林中的急流或瀑布旁,喜欢静静地趴在石头上,借急流冲击出的水雾湿润自己的皮肤。当地人称这种蛙为"利蒙那",意思是"母亲的儿子"。因为它看起来不但像新生的婴儿,而且体型和幼婴差不多大。

巨蛙头大如茶托,四肢粗壮如人的手腕,从吻端到趾端全长约为33厘米,体重约3千克。它四肢的趾端有吸盘,可以帮助其牢牢地吸附在光滑的岩石上。巨蛙听觉灵敏,难以接近,但对它背后的环境或情况的变化却不怎么敏锐。当地人利用这一特点来捕捉它们。

目前,世界上这种巨蛙的数量日益稀少,造成这种现象的原因有很多。20世纪初,大量的巨蛙从几内亚湾被贩卖到美国,其中约一半在运输的途中死去。20世纪80年代,巨蛙因濒临灭绝而被载入动物保护的"红皮书",从此国际上禁止买卖巨蛙。但是,在非洲仍有不少人将捕捉、贩卖巨蛙作为谋生的手段,市场上一只成年巨蛙可以卖到约人民币500元。随着当地森林被大面积砍伐,植被减少,生态环境遭到破坏,巨蛙的生存空间也在一点点地被压缩,已到了灭绝的边缘。

有剧毒的蛙——箭毒蛙

迄今为止发现的箭毒蛙种类约有130多种，其中有55种是含有剧毒的。当地的土著居民能够巧妙地运用这种天然的毒液，从事原始的捕猎活动。他们首先在箭毒蛙经常活动的地方捕捉到箭毒蛙，然后小心翼翼地用细细的藤条拴住箭毒蛙的腿（这个部位是不分泌毒液的），再用一根小木棍轻轻地刺激它们的背部。这时箭毒蛙的毒液便会分泌出来，土著人把这种毒液涂抹在用于打猎的箭头上。"箭毒蛙"的名字即由此而来。

一只小小的箭毒蛙能分泌出杀死30个人的毒液，而涂抹在箭头上的毒素能够保持一年之久。丛林中无论什么动物被这种毒箭射中，都

难逃一死。

在箭毒蛙这一种类中，通常是由雄蛙来哺育后代的，这也是一种比较特殊的育幼方式。雌蛙和雄蛙交配以后，雌蛙将卵产在积水处便独自离去，雄蛙就担负起了育幼的任务。当卵发育成蝌蚪的时候，雄蛙就会把这些小蝌蚪分别背到其他有积水的地方，让它们独自生活和成长。箭毒蛙的蝌蚪是肉食性的，所以雄蛙要把它们一个个分开，否则它们就会自相残杀。

也有其他身上带有毒素的蛙类，它们能够从皮肤分泌出毒汁，但其毒性都不及箭毒蛙分泌的毒汁强。箭毒蛙的表皮颜色鲜亮，带有红色、黄色或黑色的斑纹。这些鲜艳的颜色在动物界常表示一种动物向其他动物发出的警告：我是有毒的。这些颜色使箭毒蛙显得与众不同——它们不需要躲避敌人，因为攻击者根本不敢接近它们。箭毒蛙鲜艳的皮肤里藏着无数小的腺体，当它们遇到敌人或者受到外界的刺激后，腺体就会分泌出一种白色的液体。而这种液体足以杀死任何动物，也能将人置于死地！

鸣声悦耳的蛙——弹琴蛙

我们通常听到的蛙声都是单调、乏味且聒噪的，然而，在我国四川省秀丽的峨眉山区生活着一种奇特的蛙，它们可谓是"天才音乐家"。这种蛙的鸣声十分悦耳，时常发出"1-3-5""1-3-5"的曲调，就像乐师在练琴，当地人称其为"弹琴蛙"。弹琴蛙拥有高超的艺术才能，但科学家发现，它们的生理结构和普通蛙类并没有区别。

那么，弹琴蛙的乐曲是怎样"演奏"出来的呢？原来这和它们独特的巢穴有关。弹琴蛙的巢穴就像一个"共鸣箱"，这种"共鸣箱"是用泥巴在水草间构筑而成的，上方有一个圆圆的小洞，可以跳进跳出。当蛙在巢穴内鸣叫时，巢穴便会产生共鸣，从而发出一种悠扬动听的类似琴声的曲调。而一旦离开了它的巢穴，弹琴蛙的鸣声也就和普通蛙类差不多了。

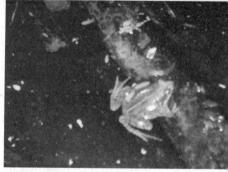

弹琴蛙的体型比一般青蛙小，全身上下呈深灰色，只在背部有一条灰白色的波状条纹，腿上生有麻斑。它们平时喜欢栖息在水草边觅食各种昆虫，这些昆虫大部分都是对农作物有害的。

跳跃能手——哈士蟆

哈士蟆又叫"黄蛤蟆""田鸡"等，是林蛙的一种。它们生活在潮湿的山坡林地里，多分布于我国东北、华北和西北地区。

哈士蟆的外形像青蛙，头的长宽相等，呈扁平状，吻较钝，鼓膜黑色，腿较长，乳白色的肚皮上分布有红色的斑点，两眼前后各有一块三角形的黑斑，四周还点缀着清晰的黄纹，从肩部到臀部的背侧有两条褐纹。它们的皮肤颜色能够随着季节的变化而改变，夏季是姜黄色的，秋季则会变成褐色。

哈士蟆的后腿既比前腿长，又比前腿有力，在陆地上栖息时，后腿总是缩成"z"字形。一旦有昆虫飞过或遇到敌害，它们能立即纵

身跃起将昆虫抓住或远离敌害。它们跃起时能跳1米多远，同时，哈士蟆也凭借自己出众的跳跃能力而能有效避敌。所以，哈士蟆有"跳跃能手"的美称。

哈士蟆和其他蛙类一样，冬天会群集到河水深处的沙砾或石块下冬眠。早春时候，薄冰还没有消融，哈士蟆便早早地从冬眠中醒来，发出嘹亮的鸣叫声来召唤异性。哈士蟆每次产卵最多可达5 000余枚，它们的卵连成一片，漂浮在水面或半沉在水草丛中。3个月后，小哈士蟆长成成体，就会像它们的父母一样，成群结队地跳跃着向距水较远的阴湿山坡进发，在那里捕捉昆虫，继续生活。

哈士蟆肉香味美，可以食用。哈士蟆的脂肪和输卵管可制成哈士蟆油，它性平、味甘，是一种良好的滋补强壮剂，并且能够有效地治疗虚劳、咳嗽等疾病。

小故事

群蛙聚会

我国南岳衡山上有一个广济寺，该寺的一个丘田里曾出现过群蛙聚会的奇观。聚会的是一种叫作"石蛙"的蛙类，其颜色灰黄或褐色，成蛙有碗口大小。每年3月惊蛰时节，便有成千上万只石蛙到这块丘田里来聚会。

群蛙聚会到底是为了什么呢？原来，刚从冬眠中醒来的石蛙是到这里来约会的。成千上万只石蛙有时一对对堆叠而起，形成一个近1米高的"蛙塔"。蛙塔非常坚固，要把成双成对的石蛙分开是很难的，若抓住上面的雄蛙，下面的雌蛙也绝不会放"手"，颇有"誓死不分离"的决心和架势。石蛙聚会一般会持续几天到十几天，然后在一夜之间消失得无影无踪。

蟾蜍

　　蟾蜍是无尾目蟾蜍科动物的总称。最常见的蟾蜍是大蟾蜍，俗称"癞蛤蟆""大疥毒"。它们的皮肤表面粗糙，背面长满了大大小小的疙瘩，生有毒腺，而且主要集中在突出于两耳后方的耳内。受到刺激时，会分泌或射出有毒的乳白色液体，可以防御各种鸟类、蛇和食肉兽们的吞食。当它们被吞食后，吞食者会立即感觉到体内像有火在燃烧一样，热辣辣的，并且会因忍受不了而马上将其吐出。《本草纲目》中有记载："其皮汁甚有毒，犬啮之，口皆肿。"

但蟾蜍的毒液对人类来说却是一种药用物质，被称为"蟾酥"。蟾酥可解毒、止痛、开窍、醒神，用于治疗中暑吐泻、咽喉肿痛、痈疽疔疮、腹痛神昏等。

蟾蜍的蟾衣也可药用，别名"蟾壳""蟾蜕"，即蟾蜍自行蜕下的表皮。通常一只蟾蜍一年可蜕10~40张皮，因南北气候不同，环境不一而有差异。蟾衣也是一种珍贵的药材，具有消肿止痛、清热解毒、镇静、利尿的效果。

蟾蜍后肢较短，行动笨拙，也不善于游泳。一般只做距离不超过20厘米的跳动。常见的蟾蜍只有拳头大小，可是在南美热带地区，却生活着一种长约25厘米的大个蟾蜍，为"蟾中之王"。

蟾蜍平时栖息在水域边的草丛内或石块间，白天潜伏在巢穴中，清晨或夜间出来捕食。

蟾蜍主要捕食各种小型昆虫，如蚊虫、椿象、蚜虫、蚂蚁、黏虫、象鼻虫、小地老虎、甲虫等，有时也捕食如蝼蛄、大青叶蝉等大型昆虫。

蟾蜍喜欢在早晨、黄昏或暴雨过后，在道路旁或草地上活动。如果不小心被人们碰到，它们会立即一动不动地躺着装死。蟾蜍的皮肤较厚，可以防止

体内水分过度蒸发和散失，所以能够长久居住在陆地上。寒冷的冬季，蟾蜍多潜伏在水底的淤泥里或烂草丛中，也有的在陆上泥土里越冬。

蟾蜍为卵生，一般在春季产卵。水温在10℃左右，相对空气湿度在90%的时候最适宜它们进行产卵繁殖。蟾蜍的繁殖力较强，每个雌体一次可产卵5 000枚左右，一只雌蟾蜍每年可产卵38 000枚左右，是两栖动物中产卵最多的一种。卵一般成双行排列在管状的胶质卵带内，卵带缠绕于水草上。蟾蜍对自己所产的卵没有保护能力。

小故事

百万蟾蜍闹日本

1986年3月，日本的一个岛屿上突然出现了几百万只蟾蜍，它们占据街道，阻碍交通，导致镇内主要路段车祸频出。大街上到处是蟾蜍的尸体，这些尸体散发出来的臭味相当难闻，严重污染了环境，导致岛上居民纷纷向当局求救。

这么多蟾蜍到底是从哪里钻出来的呢？原来，岛上原先并无蟾蜍，由于学校设有解剖课程以及小孩玩耍的需要，许多商店便从外地购进了一些蟾蜍及蝌蚪。谁知，这些蟾蜍竟在岛上大量繁殖起来了。由于岛上没有蛇及足够的鸟类等天敌，加上蟾蜍的繁殖速度惊人，以致造成了难以收拾的局面。

我国也曾发生过一次蟾蜍大闹集市的事件。在安徽省的一个小镇，一天早晨8点左右，几只老蟾蜍率先爬上镇子一条长为一千多米的街道，随后，有十多万只小蟾蜍纷纷从田地里爬到了街上，它们排着队，井然有序地由西向东移动，整个路面都布满了大大小小的蟾蜍，致使车辆、行人无法通过。"游行"持续了4个多小时，它们才又回到田里。至于它们为什么要进行这种"游行"，至今仍是一个未解之谜。

青蛙和蟾蜍的区别

　　青蛙和蟾蜍都属于无尾两栖动物，外形相似。但青蛙的皮肤表面比较光滑，颜色一般为青绿色，而蟾蜍的皮肤表面非常粗糙，多为灰黑色。因其背上长满了突起的疙瘩，好像身上长了癞子一样，所以被叫作"癞蛤蟆"。

　　青蛙和蟾蜍都有一套自我保护技巧。青蛙的身体是绿色的，这是它的保护色，碰到危险时，它就跳到草丛里借以隐蔽自己。蟾蜍难看的背部也能让别的生物感到恐惧，不敢去碰它，当它遇到危险时，它身上的疙瘩还能分泌白色毒液。

　　青蛙和蟾蜍都是吃害虫的能手，每只青蛙平均每天可以吃50~120只害虫。蟾蜍的胃口较大，每天可以吃掉约200只害虫。

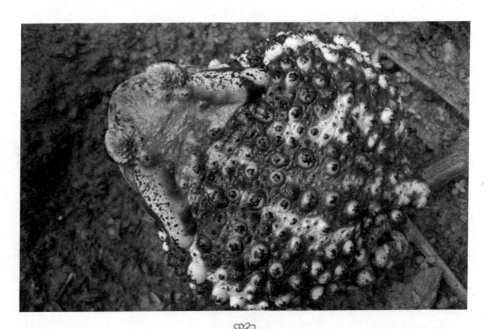

青蛙的卵与蟾蜍卵也有区别，如果卵块的形状是一团一团的，这就是青蛙的卵；如果许多卵结成一条连续的线状长带，带内的卵排成两行，像一串珠子似的，这就是蟾蜍的卵。

蟾蜍的蝌蚪和青蛙的蝌蚪也不一样。青蛙的蝌蚪身体近似圆形，体色较浅，尾巴很长，口在头部前端；蟾蜍的蝌蚪身体比较长，黑色，尾巴短，口在头部前端的腹部。

蝾螈

蝾螈综述

蝾螈又叫"火蜥蜴",全世界大约有400多种蝾螈,分属有尾目下的10个科,包括北螈、蝾螈、大隐鳃鲵(娃娃鱼)。蝾螈体长10~15厘米,皮肤潮湿,体色大都比较鲜艳。中国大蝾螈的体型最大,体长可达1.5米。

蝾螈出生后,一般都要经过幼体时期,这个时期有的只有几天,有的甚至是几年。幼体长有外鳃和牙齿,没有眼睑,这些特征可能会保留到性成熟时期。栖息在北美洲东部的一种泥蝾螈和墨西哥中部的蝾螈都有这个特性。

绝大多数蝾螈的皮肤内都有毒囊,能分泌毒液,若不小心进入口中,轻则上吐下泻,重则休克致命。

蝾螈和其他两栖动物一样,也靠皮肤来吸收水分。为了保持皮肤的湿润,大多数蝾螈都栖息在潮湿的环境中。它们白天藏匿在洞穴中,晚上出来觅食。陆栖能力较强的种类可以选择离水较远的地方活动,但生活的区域仍以潮湿的苔藓环境为主。

水栖蝾螈住在池塘、湖泊、小溪和洞穴里。陆栖种类则躲藏在岩石、圆木下或穴居在土里,有些蝾螈甚至还会爬到树上去居住。有些蝾螈在繁殖季节才会从地底下出来,或者是等到温度和湿度都适合生存的时候才会露面。只有这样才能防止皮肤干燥,让水中的氧气渗透到身体里。气温降到0℃

以下后，它们就会直接进入冬眠状态。蝾螈主要以蜗牛、昆虫及其他小型动物为食，有时甚至还会自相残杀，吃自己的同类。

蝾螈的生命力很强，且自愈能力相当优异，足部可以再生。个体因为机械性的外伤而断肢时，用不了多久伤口便又会长出一个肉芽，并逐渐发展修复成原来的状态。

蝾螈的防卫

蝾螈为了躲避鸟类和蛇类的攻击，会施展许多防御战术。比如，它们会弯起身体，抬起尾巴，直立下颌，露出它们色彩艳丽的腹面来恐吓敌人，还有的蝾螈在遭到攻击时还会自行断掉尾巴，从而趁机逃生。

当蛇向蝾螈发起进攻时，蝾螈的尾部会分泌出一种像胶一样的黏性物质，然后它们会用尾巴猛烈地抽打蛇的头部，直到蛇的嘴巴被其分泌物粘住为止。有时，蝾螈的黏液还能把一条长蛇粘成一团，使其动弹不得。

蝾螈的繁殖

通常，两栖动物都是采用体外受精的方式，而蝾螈却很特别，它们的受精方式是在体内完成的。雄蝾螈在排精之前，会在雌蝾螈后面不断地游动，并会用吻端触及雌蝾螈的泄殖腔孔，同时，其尾巴还会快速地抖动，且向前呈弯曲状。雌蝾螈答应雄蝾螈的"求爱"后，就会亦步亦趋地跟着它，随后，雄蝾螈的身体会排出乳白色的精包。这时，雌蝾螈的生殖腔孔就会触及精包的前端，并将精包内的精子徐徐纳进，保存在输卵管内。此后，精子将与卵细胞在输卵管内结合。

在自然界中，蝾螈的产卵期通常在3～4月，此时，大腹便便的雌蝾螈便开始产卵。雌蝾螈在产卵的时候会在水中选择一些水草叶片，然后用后肢把叶片夹拢，如此循环几次后，就能将扁平的叶子卷成褶状。这样，就可以用这些叶子包住泄殖腔孔，3～5分钟后，雌蝾螈就会将受精卵排在叶片里面。通常，它们每次只产一枚卵，产卵后的雌蝾螈会伏到水底，休息一会儿后，它们又会浮上来继续产卵。胚胎的头部和尾部大约经过7天后就能基本成形，21天后就能够完全孵化成幼体。蝾螈的幼体没有眼睑，但长有牙齿和外鳃，可以用鳃来呼吸。蝾螈的幼体时期可能只有几天，也可能是几年，没有固定的期限。当它们成年后，就会用肺和皮肤来呼吸，并且鳃会自动脱落。

小知识

蝾螈与仿生

当蝾螈失去四肢后，它们能再生出新的肢体来。最近，科学家们发现一种来自北美湿地的蝾螈，这类蝾螈的皮肤上有红色的斑点，它们的再生能力更是强大，心脏也能再生！科学家们正在研究这种再生的细胞学机制。哺乳动物包括人类都不具备这种能力，所以研究结果可能为器官受损的病人带来新的治疗方法和希望。

人类无法让受到损伤的心肌细胞再生，并且受损细胞只会以结疤的方式代替再生，但是这种蝾螈的心脏能完全再生，而且功能不受影响。科学家经研究后发现，关键在于其心肌细胞和心肌特有的蛋白。当蝾螈的心脏受到损伤时，这些细胞会失去原有的特性而进行分化来创造新的心脏，这一过程大约需要两周的时间，在此期间蛋白质又会恢复正常。

科学家将这些心肌细胞分离出来并进行培养，以便对蝾螈心肌再生过程的相关分子组织有一个更好的了解，并争取早日为遭受心脏疾病的人们带来治疗的新希望。

东方蝾螈

东方蝾螈也叫"中国火龙"，为我国所特有，主要分布于浙江、江苏、安徽、湖北、江西、云南等地。

东方蝾螈体长6～9厘米，头扁平，身体背面中央有不明显的脊沟，尾侧扁。东方蝾螈的背和体侧都为黑色，腹面呈朱红色，并有不规则的黑斑。它们四肢细长，前肢4指，后肢5趾，皮肤光滑，有小的疣粒。

东方蝾螈常栖息于水草繁茂的池沼或小河里，以各种昆虫、幼鱼等为食。每年的3～7月为其繁殖期。在繁殖期间，雄性蝾螈的背上会出现像鸡冠状的突起，并会在雌性面前做圆形旋转来夸耀自己，以此吸引腹部装满卵的雌性蝾螈。雄性蝾螈引导雌

性蝾螈游动到它所排出的精包上方，雌性蝾螈随后采集精包来使卵受精。这种蝾螈每次产卵80～100枚，产下的卵黏附在水草上，靠自然温度孵化，一周后即能孵出小蝌蚪。蝌蚪的外腮呈羽毛状，主要以浮游生物和藻类为食，经过变态过程长成成体。

蝾螈的再生能力很强，不仅是它的鳃和尾，四肢也能再生。

娃娃鱼

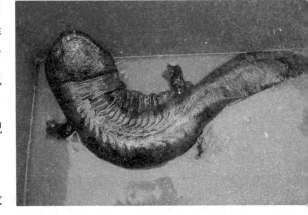

大鲵的叫声很像婴儿的哭声，因此，人们又叫它"娃娃鱼"。但它并非鱼类，而是两栖动物，属于两栖纲有尾目隐鳃鲵科。《本草纲目》中有记载："鲵鱼，在山溪中，似鲇有四脚，长尾，能上树，声如小孩啼，故曰鲵鱼，一名人鱼。"

大鲵身体扁圆且一般呈灰褐色，可以随着周围环境颜色的变化而改变体色。大鲵体表光滑无鳞，有不规则的黑色斑纹，四肢肥短，犹如婴儿的手臂。大鲵头宽大扁平，眼小，没有眼睑，嘴巴很大。它们的体长1米左右，体重20～30千克，最大的可达50千克。大鲵的寿命在两栖动物中也是最长的，在人工饲养的条件下，能活130年之久。

大鲵生性凶猛，是肉食性动物，喜欢在水源较充足，水质清澈，水温较低的湍急溪河中栖息。它们的食量很大，以水生昆虫、鱼、虾、蟹、蛇、鳖、鼠、鸟等为食。大鲵常会在夜间静守于滩口的石堆中，一旦发现猎物经过，便会突然发起攻击，将猎物囫囵吞下，再慢慢消化。有趣的是，它们还善于"用计"，捕捉一种隐藏在溪中石缝里的石蟹。石蟹的两只大螯钳住东西便不会轻易放开，于是大鲵常将自己带有腥味分泌物的尾巴尖伸到石缝中，诱使石蟹用钳来夹。石蟹一旦中计，大鲵便立刻将其顺势拉出，石蟹也就成了它的美餐。

大鲵不能长时间生活在水中，头部需要经常伸到水面上来进行呼吸，它的皮肤也能帮助呼吸。成鲵常栖息在深潭内的岩洞、石穴之中，以滩口上下的洞穴内较为常见。这些洞口不大，进出一个口，洞的深浅不一，洞内宽敞平坦。它们白天常卧于洞穴内，很少外出活动，但在夏、秋季节，它们也会在白天上岸觅食或晒太阳。

大鲵的新陈代谢比较缓慢，所以很能忍饥挨饿。将大鲵饲养在清凉的水中，即使两三年不给它们食物也不会饿死。

每年7~8月是大鲵的繁殖期。雌鲵产卵于岩石洞内，一次产卵300枚左右，产完卵后由雄鲵担负起哺育下一代的任务。雄鲵把身体弯曲成半圆状，将卵围住，以免被流水冲走或遭受敌害，直到孵化出幼鲵，雄鲵才会离开。幼鲵刚孵出时体长2.8~3.1厘米；孵化后的第6天，前肢开始分叉；第8天长到3.3~3.7厘米长；第14天，前肢已分为4指；第28天，后肢出现分叉，身体全长4.3厘米左右，此时的大鲵幼体已能游泳并自己摄食了。

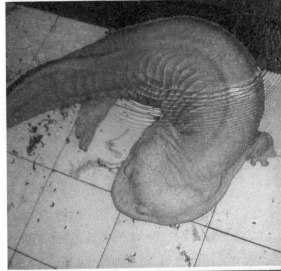

蚓螈

蚓螈是体态像蚯蚓的蝾螈，它们与蚯蚓最大的不同之处就在于它们可以用嘴巴来吃东西。除了南美蚓螈是完全水栖之外，几乎所有蚓螈都和蚯蚓一样栖息在地底下，它们的生活隐蔽性较强，很难被人们发现，更不用说观察了。所以，科学家们对它们的了解也不是很多。中国的蚓螈种类只有一种，叫作版纳蚓螈。

蚓螈喜欢炎热、潮湿的环境。由于蚓螈长期生活在地底下，眼睛很小，因为不常用，所以已经退化了。眼与鼻孔间有一个化学感应触须。有的蚓螈生活在地面的松枝落叶层和松软的泥土中，出来寻找食物时，蚓螈会先用脑袋推开土壤，然后依靠触觉来觅食。

成年蚓螈是肉食性动物，蚓螈的大小从15~130厘米不等，不同的蚓螈根据自身的大小猎取不同的猎物。体型较小的蚓螈种类吃昆虫、蜈蚣和蠕虫，体型较大的蚓螈种类能够对付青蛙和蛇。有的蚓螈可以直接生出幼螈，但多数蚓螈的幼体是蝌蚪。

贵州疣螈

贵州疣螈俗称"苗婆蛇""土蛤蚧"和"描包石"等，是蝾螈科的一种，仅分布于我国云南和贵州。疣螈头部扁平，顶部有凹陷，背脊棱及体侧的疣粒为红色，皮肤粗糙，有各种大小不一的疣粒。疣螈四肢粗短，前后肢几乎等长。它们的指、趾端为橘红色。

贵州疣螈主要以陆栖为主，白天隐蔽在阴暗潮湿的土穴、石洞中或杂草、苔藓、树根下，夜晚出来觅食。贵州疣螈是肉食性动物，以昆虫、蚌和小螺等为食。每当雷雨时节，地面积水较多时，它们就会在白天出来活动。

每年4~7月，是贵州疣螈的繁殖季节，雄性和雌性进入山区各个浅水处交配产卵，有时候也会将卵产在水域边的大石块下的潮湿泥土表面。大约22天后，"小宝宝"就孵化出来了。幼体一直在水中生活，直到完成完全变态后才会到陆地上生活。

随着人类活动范围的扩大以及环境污染等原因，贵州疣螈的数量已经越来越少了。

红瘰疣螈

红瘰疣螈也叫"细瘰疣螈",俗称"娃娃蛇"。因其脊柱两侧各有一排红色球状的瘰疣,故而得名。红瘰疣螈体长14~17厘米,尾长6~8厘米。红瘰疣螈头侧的棱脊和背部的中线棱脊都比较明显。它们四肢发达,前肢有4指,后肢有5趾,尾部侧扁,尾部末端薄而钝圆。

红瘰疣螈喜欢栖息在水田、水塘附近,那里有很多潮湿、杂草茂盛的隐蔽之地。它们在前进时腹部紧挨着地面,然后用自己的后肢推动身体缓缓前进。当它们受到惊扰后会迅速躲进塘底的稀泥中。

在每年5~6月的繁殖季节,雌体会将卵产在水中,附着在水塘边的草丛或石块上,若产卵较多时,还会连成一串或一片。

大部分红瘰疣螈的皮肤是红色的,腹部颜色较浅,以棕黑色为主。红瘰疣螈的警觉性很高,任何一点风吹草动都会让它们四散奔逃。

爬行动物

爬行动物概述

爬行动物是真正适应陆地生活的脊椎动物,约有6 000多种。恐龙时代延续了1.6亿年,恐龙灭绝后,爬行动物的数量急剧减少。

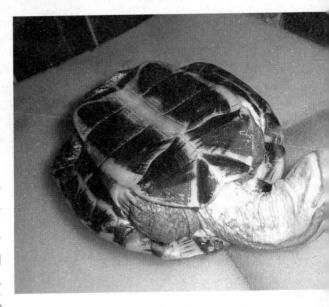

在爬行动物的进化过程中,12个主要类群只有4个类群还依然存在。有鳞类(蜥蜴类和蛇类),是最发达的;另一类是鳄类,已持续生存了2亿年,多数种类正濒临灭绝;第三类是龟鳖类,这支幸存的类群与早期爬行类的祖先差别不大,没有什么明显变化;最后一类是唯一生存到现今的残遗种代表——新西兰的楔齿蜥,它已经成为喙头目的唯一种类。

爬行类比两栖类更能适应干旱地区和海洋的生活环境。爬行类具有干燥的鳞片状皮肤,并且在陆地上产卵;而两栖类必须在淡水里或潮湿的地方产卵。虽然这只是表面上简单的区别,但却说明爬行类比两栖类有了进化,对于生物的脊椎进化具有深远的影响。

中生代曾是爬行动物统治的时代,随着恐龙的灭绝,古生物学家一直在持续推测和争论这样一个问题——为什么现存的几种爬行类在面对哺乳类激烈的竞争时能继续生存?到现在,这个谜底还没有完全解开,不过我们可以先这样推测:龟类具有保护的甲;蛇类和蜥蜴类从密林和岩石生活环境里进化过来,它们在密林和

岩石等处很少能碰到四足类的竞争者；还有鳄类，体型巨大，性格凶猛，在水栖环境中较少有对手，足以自保而得以幸存。

爬行动物的分化

爬行动物是由原始两栖动物中的一支演化而来的，大约出现在3亿年前的石炭纪后期，兴盛于距今约2.5亿年至6 500万年前的中生代。那时候，各种各样体型庞大的恐龙家族统治着地球，创造了所谓的"爬行动物时代"。中生代末期，随着恐龙的灭绝，爬行动物骤然衰落。能够侥幸存活下来并延续至今的仅有龟鳖类、鳄类、喙头类和有鳞类（包括蛇类、蜥蜴类）。

爬行动物是继两栖动物之后，开始完全在陆地上生活的一个种群。爬行动物是脊椎动物中真正的陆地征服者，最早适应了干燥的陆地生活。它们皮肤粗糙，皮肤表面覆盖着鳞片，四肢发达，用肺呼吸，从而使它们摆脱了对水的依赖，并能很好地适应陆地上的生活。爬行动物的卵外面包有防水壳，能为幼仔提供营养和保护。因此幼小的爬行动物孵化出来即是成体，能够爬行。

爬行动物分布广泛，除南极洲外都能见到它们的踪迹，热带与亚热带地区最为常见。

爬行动物的皮肤

爬行动物的皮肤干燥，缺乏皮肤腺。皮肤的角质层增厚，形成了鳞状或甲状的角质构造，这样就能有效防止水分散失，并有保护皮肤的作用，使其在粗糙的地面爬行时不受损伤。爬行动物的角质层被磨损后，下面的表皮细胞会不断进行补充。

随着爬行动物身体的生长，角质层也会定期更换，这称为"蜕皮"。蜕皮的次数与动物生长的速度有关，生长速度较快的蛇类每两个月就要蜕一次皮。

爬行动物的牙齿

除了龟鳖类爬行动物没有牙齿外，其他所有的爬行动物都有牙齿。爬行动物的牙齿小，呈锥形，齿尖弯向后方，没有咀嚼功能，主要是为了防止猎物在其吞咽时逃脱。爬行动物的牙齿数目较多，比如蛇有20~50颗牙齿，但其牙齿的大小、形态相似，为"同型齿"。它们的牙齿脱落后能重新长出新齿，不断脱落不断长出，这种生齿类型叫作"多出齿"。

爬行动物的分类

爬行动物可分为五大类：龟鳖目、蜥蜴目、蛇目、鳄目和喙头目。

龟鳖目主要包括龟和鳖类，是唯一有甲壳的爬行类，包括陆栖、水栖和在海洋中生活的种类。不同的生活条件和生态习性导致龟壳和四肢形态各有不同。龟鳖类的四肢短小，背负着大而笨重的壳，行动缓慢。它们没有牙齿，但能用覆盖在颌上的角质喙咀嚼食物。水龟居住在水中或水边，旱龟居住在陆地上。

蜥蜴目是爬行动物中最大的一类，约有3 800种，我国约有120多种，包括各种壁虎、草蜥、树蜥、蛇蜥、巨蜥、飞蜥、石龙子等。除美洲产有两种毒蜥外，其余各种蜥蜴都没有毒。

蜥蜴目和蛇目一起被归为有鳞目类，是现存爬行动物中种类和数量最多的。

鳄目是两栖或水生的巨型蜥蜴状爬行动物。它们的背部皮肤上长着像盔甲一样的骨质鳞甲，它们的颌强壮有力，上面长着成排的尖牙，四肢较短，尾巴长而有力。

喙头目是原始的陆生种类，外形很像小型的蜥蜴。它们的上颚吻端突出，很像鸟的喙，故而得名。喙头目现存只有一种，即喙头蜥，只能在新西兰柯克海峡的几个

小岛屿上找到。喙头蜥以蜗牛、蠕虫、小螺、小型昆虫等为食。它们常在海鸟的洞穴中产卵，每次8~15枚，15个月后，幼体即被孵化出来。喙头蜥的幼体性成熟较晚，大约需要20年左右的时间，寿命可达百年。

爬行动物控制体温的方法

爬行动物是变温动物，它们的体温会随着外界温度的变化而变化。气温太高或太低，它们的身体一般都不能适应，也不能活动。早晨，它们会从夜晚的栖息地慢慢爬到阳光下，一旦身体暖和了，就开始四处觅食。但体温过热对爬行动物却很危险。因此，那些生活在炎热沙漠地区的爬行动物，在一天中最热的时候会回到阴凉处休息。当然，爬行动物也有自己的降温方法。比如，我们经常可以看到鳄鱼的嘴是张开的，这是它为了让水分从嘴里蒸发，也有些鳄鱼喜欢待在水里，以给身体降温。而沙漠蝰蛇需要降温时，就会把身体钻进沙子里，因为沙漠里

很难找到阴凉处，所以，它们只有这样才能让自己的身体避免遭到阳光的直射。

爬行动物自身不能产生热量，但可通过调节表皮下血管内的血流量来控制体温。当它想使自己暖和起来时，就会扩张表皮的血管，使血液被太阳晒暖；当天气变凉时，血管收缩变窄，血流量减少，以此来保持体温。

爬行动物的特征

爬行动物是一种真正的陆生脊椎动物。它们的特征是：

第一，爬行动物是适应陆地生活的类群，具有四足动物的基本形态。

第二，爬行动物的体表覆盖着角质鳞片，皮肤由表皮和真皮组成，有利于在陆地上干燥的环境中生活并减少水分的蒸发。

第三，爬行动物的肺比两栖动物更发达，几乎都靠肺来呼吸，整个新陈代谢水平比两栖动物有了很大的提高。

第四，爬行动物大多是卵生，胚胎发育中形成羊膜，保证胚胎在自备的羊水中发育为能直接在陆地上生活的幼体，不用再经过水中生活的幼体阶段。

第五，爬行动物的心脏由两心房和分隔不完全的两心室构成。此外，爬行动物属于变温动物，体温会随外界温度的改变而改变。它们的活动有一定的规律，每年12月开始进入冬眠，第二年的3月前后苏醒并开始出来活动，4~10月为其活跃期、繁殖期。

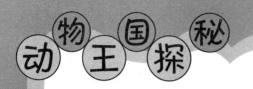

感觉灵敏的爬行动物

爬行动物通常都有眼睛和耳朵，但是视力和听力却都不怎么好。但是它们的感觉却很灵敏，蜥蜴和蛇靠舌头来感知周围的环境。大多数蜥蜴的头上都长有一个纤小的感光器官，可以调节温度和生殖。壁虎是夜间的捕虫高手，但它的视力在白天却不怎么好。因为在白天，其眼睛里的虹膜会关闭成一条缝，把大部分光线挡在视网膜之外。

龟类

认识龟类动物

龟类也被称为"龟鳖类"，是一类包括陆栖、水栖和在海洋生活的爬行动物，属于爬行科龟鳖目。

世界上的龟类有数百种，生活在陆地上的一般叫作"陆龟"，生活在水里的有淡水龟、海龟。它们的共同特点是躯体短、宽而略扁，被坚固的骨质甲壳保护着，甲壳表面被覆角质盾片或皮肤，称为"龟壳"，头、四肢和尾可以从龟壳边缘伸出。

生活环境不同，龟类的形体特征也不一样。生活在陆地上的龟类，背甲较高拱，可承受较大压力，保护自己不受捕食者的伤害。它们的四肢较长且粗壮，主要是为适应陆地上的爬行生活。水生龟类的壳较平滑，有利于游泳时减少水的阻力，四肢较扁平，指、趾间有蹼。比如海龟的腿扁平，像鳍一样，既可以游泳也可以行走。鳖一般隐藏在水底淤泥中，没有角质状的龟壳，而覆以革质皮肤，背甲边缘形成裙边，四肢与水生龟类相似。

龟没有牙齿，但有角质鞘，用于切开、撕裂及压碎食物，主要以植物、小鱼、虾及软体动物为食。龟为卵生，孕期为50~80天。龟的寿命较长，可达百年。

龟类与人类的关系有着悠久的历史。我国古代视龟为灵兽，将其与龙、凤、麒麟共同组成"四灵"，是长寿的象征。古时候，在造纸、印刷术发明以前，人们用龟的背甲来预卜吉凶，用刀在龟甲上刻写占卜文辞，或用龟甲来记载历史，这便是我国最古老的文字——甲骨文。《山海经》中也有将龟作为食用和药用的记载。

龟类动物的种类

龟类动物隶属于爬行纲龟鳖目，现生的龟类动物大约有13科270种，世界各地均有分布，尤以热带、亚热带及温带等较温暖的地区分布最广。

根据龟生活环境的不同，大致可分为陆龟、海龟及淡水龟三大类。我国约有6科38种，其中以革龟（又称棱皮龟）的体型最为庞大，身长约2米，体重超过500千克。

我国地龟科中的地龟、云南闭壳龟、三线闭壳龟被列为国家二级保护动物；陆龟科的四爪陆龟被列为国家一级保护动物；凹甲陆龟被列为国家二级保护动物；海龟科的绿海龟、蠵龟、太平洋丽龟、玳瑁四种被列为国家二级保护动物；棱皮龟科的棱皮龟被列为国家二级保护动物；鳖科的鼋被列为国家一级保护动物，山瑞鳖被列为国家二级保护动物。

海 龟

海龟是海洋龟类的总称，在大西洋、太平洋和印度洋中都有分布。中国海存在的海龟有棱皮龟、海龟、玳瑁、太平洋丽龟和蠵龟等五种，都是国家重点保护动物。

海龟是现今海洋世界中体型最大的爬行动物，体长1米左右，其中个体最大的要数棱皮龟了，它最大体长可达2.5米，体重约1 000千克，堪称"海龟之王"。海龟的四肢呈鳍状，便于在海中游泳。海龟的寿命很长，目前已知海龟的最长寿命可达152年。

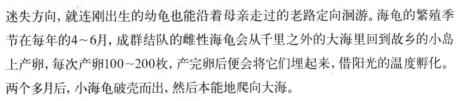

雌性海龟每年都做定向洄游，从不迷失方向，就连刚出生的幼龟也能沿着母亲走过的老路定向洄游。海龟的繁殖季节在每年的4~6月，成群结队的雌性海龟会从千里之外的大海里回到故乡的小岛上产卵，每次产卵100~200枚，产完卵后便会将它们埋起来，借阳光的温度孵化。两个多月后，小海龟破壳而出，然后本能地爬向大海。

海龟的祖先曾与恐龙生活在同一时代，一同经历了爬行动物的繁盛时期。后来地球几经沧桑巨变，恐龙相继灭绝，海龟也开始衰落。海龟步履艰难地走过了两亿多年的漫长历史征程，依然一代又一代地繁衍和生存了下来，真可谓是名副其实的古老、顽强而珍贵的动物。

太平洋丽龟

太平洋丽龟主要生活在太平洋、印度洋的温海、浅海中，我国南方水域中也可见到。太平洋丽龟是体型最小的一种海龟，体长60~70厘米，体重10~12千克。太平洋丽龟背甲的长度与宽度几乎相等，末端微尖，后缘呈锯齿状。它们的背面呈橄榄绿色，腹面平，呈黄白色。

太平洋丽龟主要捕食生活在海洋底部或漂浮在海面的甲壳动物、软体动物和其他无脊椎动物，偶尔也会吃鱼卵或海藻等植物性食物。每年9月到来年的1月是它们的繁殖期，这时，雌龟会集群上岸产卵。它们每次产卵90~130枚，经50~60天自然孵化。

太平洋丽龟的卵和肉均可食用，背甲可做装饰品，人们常常会寻找它们的产卵场地并对其进行大肆捕杀，以致其数量逐渐稀少，濒临灭绝。

四肢粗如象腿的象龟

象龟也叫"山龟",是龟鳖目陆龟科中体型最大的一种。主要分布于南太平洋和印度洋的热带岛屿上,喜欢栖息在山地泥沼或草地中。400多年前,西班牙人在赤道附近的一座孤岛上发现了这种巨大的龟。它们头大,颈长,四肢粗壮,甚至可以和大象的四肢媲美,因此,被命名为"象龟"。西班牙人还将这个岛取名为"加拉帕戈斯",意思是"龟岛"。

象龟以野果、青草和仙人掌等为食,最喜欢吃的是多汁的绿色仙人掌,每天能吃10千克以上。因为平时在体内积蓄了大量的脂肪,所以它们可以长时间的忍饥挨饿。象龟的寿命很长,可活300多岁。

象龟虽然生活在海岛上,但只喝淡水。有时为了找淡水解渴,能爬行好几千米去寻觅水源,所以它们在喝水时会将大量的水储存在膀胱内。当地人在缺水时常常将

象龟膀胱内的水放出来饮用,以解燃眉之急。象龟不喜欢强烈的阳光,它们喜欢在树荫下生活。雨季到来时,象龟会从山上爬到山下生活;旱季来临时,它们又会爬到多雾的丛林中去栖息。它们每天能爬行6千米,即使负重200多斤,也能照常爬行。当地人有时会用象龟庞大坚硬的龟壳来做婴儿的摇篮。

象龟的壳长达1.5米，体重约200千克。象龟背甲中央高隆，缘盾每侧9片，前后缘略呈锯齿状，微向上翘。它们的背甲、四肢和头尾均为青黑色，每片椎盾和肋盾均分布有不规则黑斑，皮肤松弛，褶皱较多。

小知识

龟类年龄的计算方法

有人凭借龟的体重来计算龟类的年龄，这种方法是完全没有依据的。因为龟的体重和年龄并没有直接关系。相同品种的龟类在南方地区适宜的环境下，会比在北方地区生长速度快得多。在人工饲养的条件下，尤其是在冬季温暖环境中饲养的龟的生长速度更快，体重也增加得更快。即使是同龄者，不同种类之间的体重差异也很大。

在一些宠物市场或集市上，有一些生长于热带、亚热带且生长速度较快、体型较大的龟类，被售卖者当作"千年龟"高价出售。其实那不过是马来西亚巨龟、缅甸陆龟、亚洲巨龟、艾美六角龟等，其实际年龄大约只有30~50岁。

鱼类的年龄是以其身上鳞片的多少来判断的，现在常用的计算龟类年龄的方法和其相似，是根据龟甲上同心环纹的多少来判断的。但这种方法并不完全可靠，而且在许多种类上并不适用，需要具体问题具体分析。

用计斗老鹰的白龟

在我国湖南省衡山县的盘谷溪河边，生长着一种全身灰白的龟，俗称"白龟"，因嘴勾似鹰嘴，又叫"鹰嘴龟"。又因其善于捕食蛇、蝎类，所以山里人也称之为"蝎蛇龟"。这种龟只有半斤来重，壳硬如铁，尾坚如锯，行动灵活。

白龟有一种特殊的本领，就是能捕食空中飞翔的老鹰。当老鹰在山谷中飞翔觅食时，它就会发出一种特殊的腥臊气味。当老鹰闻到这种腥味后，就会一头冲下并准备将其捕获，白龟则趁老鹰用嘴乱啄之际，找准机会，用自己的利嘴迅速钳住老鹰的嘴。任凭老鹰怎样挣扎，白龟也不会松口，老鹰只好振翅高飞，将其带到空中。在天空中，老鹰边飞边甩，白龟却弯转坚利的长尾向鹰腹猛刺，致使老鹰慢慢失去重心，越飞越低，直到精疲力竭地掉到地上，不能动弹。这时，白龟便用长锯般的尾把鹰的头颈锯断，再把翅、脚锯下，然后一块一块地吞而食之。据说白龟每捕捉一只老鹰，就可以饱食好几天。

能吃蛇的三线闭壳龟

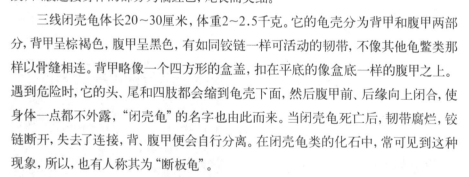

　　三线闭壳龟也叫"红肚龟""金头龟""金钱龟"等，在分类学上隶属于龟鳖目龟科闭壳龟属，主要分布在我国广东、广西、福建、海南等省、区。三线闭壳龟头部的背面为黄灰色，光滑无鳞；颈部呈橄榄绿色，有黑色带状斑纹；前后肢的背面为橄榄色；腹面为黑色，并带黄斑；趾间有蹼，四肢连接身体的部分为橘红色；尾长而尖细。

　　三线闭壳龟体长20~30厘米，体重2~2.5千克。它的龟壳分为背甲和腹甲两部分，背甲呈棕褐色，腹甲呈黑色，有如同铰链一样可活动的韧带，不像其他龟鳖类那样以骨缝相连。背甲略像一个四方形的盒盖，扣在平底的像盒底一样的腹甲之上。遇到危险时，它的头、尾和四肢都会缩到龟壳下面，然后腹甲前、后缘向上闭合，使身体一点都不外露，"闭壳龟"的名字也由此而来。当闭壳龟死亡后，韧带腐烂，铰链断开，失去了连接，背、腹甲便会自行分离。在闭壳龟类的化石中，常可见到这种现象，所以，也有人称其为"断板龟"。

　　三线闭壳龟主要栖息在海拔50~400米的山谷河流中，属于半水栖的龟鳖类。主要以蚯蚓为食，也吃鱼、虾、蠕虫、昆虫以及浆果等植物。据说它还能捕食蛇类，当三线闭壳龟看到蛇的时候，就会迅速地将背甲和腹甲闭合，夹住蛇的身体，与蛇一起在地面上翻滚，直到将蛇夹死，再慢慢地将其吃掉。

　　每年的6~7月，是三线闭壳龟的繁殖期，雌性每次产卵2枚于土坑中，再覆盖好土层，弄平表面，靠自然温度孵化，孵化期为35~45天。

三线闭壳龟也可入药，龟板主要含有胶质、钙盐等成分，有滋阴潜阳、退虚热的作用，主治久咳、咽干、遗精、阴虚发热、崩漏带下、腰膝痿弱等症。它的肉也可以食用，有滋补作用。

目前发现的闭壳龟属共有9种，均分布于亚洲的东部、南部和东南部，为亚洲的特产动物类群，所以它还有"亚洲盒龟"之称。其中分布最广的是黄额闭壳龟，从我国华南地区到南亚和东南亚各国均有分布。黄缘闭壳龟的分布也很广，我国长江中下游地区和包括台湾在内的东南各省都可见到。三线闭壳龟已被列为国家二级保护动物。

嘴呈钩状的蠵龟

蠵龟又被称为"红海龟""灵龟",主要分布在太平洋与印度洋的温水水域。蠵龟体长约1米,体重约100千克。它们的背面为褐色,分布有不规则的黄色或黑色斑纹,腹面呈淡黄色,头顶有两对前额鳞,嘴呈钩状——这是蠵龟最明显的特征。蠵龟颈部有细鳞,四肢呈桨状,前肢大,后肢较小,尾巴较短,便于在水中游动。蠵龟的幼体长有两爪,长大后则变为一爪。

蠵龟主要栖息在温海水域,以鱼、虾、蟹等甲壳动物及软体动物为食。每年5~7月是它们的繁殖期,它们会在海边沙滩上掘穴产卵,每次产卵60~150枚,靠自然温度孵化,孵化期为60天。

蠵龟的全身都是宝,肉和卵均可食用,由于人类对其过度捕杀,导致蠵龟的数量越来越少。蠵龟是国家二级保护动物。

没有龟壳的棱皮龟

棱皮龟又称"革背龟""革龟""燕子龟""舢板龟"。和一般的龟类不同，棱皮龟没有甲壳状的龟壳，取而代之的是以整块皮质革包裹周身，皮质革壳的背面有7条隆起的纵棱，可保留终生。腹部有5条纵棱，随着岁月的增长可能会逐渐消失。棱皮龟因其背上的纵棱而得名。因此，棱皮龟是海龟中最容易辨别的种类。

棱皮龟四肢呈鳍足状，无爪，前肢很长，后肢较短，尾短。它们的体背呈漆黑色或暗褐色，微带黄斑，腹面色浅。棱皮龟皮肤较光滑，身上没有鳞片、爪或盾板等构造，只有柔软的革质皮肤。棱皮龟全长可超过2米，体重可达500~1 000千克，是现存龟鳖类种类中体型最大的，也是动物中潜水最深及旅行最远的海龟。棱皮龟广泛分布于太平洋、大西洋和印度洋，在我国沿海各省也均有分布。

棱皮龟在大海中生活，以海为家，因而四肢演变为巨大的桨状，有助于其在水中游泳。它们在陆上步履蹒跚，但在水中却灵活自如，时速可达32千米。每年的5~6月是棱皮龟的繁殖季节，雌、雄龟在水中交配，雌龟上岸产卵，每次产卵90~150枚，产完卵后，它们会挖穴将其掩埋，靠日光照射自然孵化，65~70天左右小龟便会破壳而出。

棱皮龟善于游泳，常以虾、蟹、鱼类、软体动物、海藻等为食。棱皮龟喜欢吃水母，也常常会把海面漂浮的塑料袋或者其他垃圾当作食物来吃，但它并不知道这种垃圾不同于它平时食用的海洋生物，从而导致大量的棱皮龟死于"白色垃圾"。除此之外，人类的大肆捕捞和海面飞速行驶的船只对棱皮龟数量的减少都有直接的影响。马来西亚是棱皮龟的主要产卵地，马来西亚人喜食棱皮龟卵，所以每到棱皮龟的产卵季节，人们便会赶往海滩争相挖取，这对棱皮龟的生存繁殖是相当不利的，也导致了棱皮龟濒临灭绝的现状。

棱皮龟远行的原因

棱皮龟有生殖洄游的习性。每年的繁殖季节，棱皮龟都要告别它现在生活的地方——巴西海岸，游向大西洋的阿森松岛，然后在那里的海滩上产卵繁殖。

这趟长途旅行那么辛苦，棱皮龟为什么一定要回去产卵呢？它们也可以在巴西海岸的沙滩上产卵、哺育后代啊！科学家们猜测：棱皮龟等龟类是一种古老的动物，早在几百万年前就已经存在了。最初的棱皮龟就是把它们的蛋产在阿森松岛的海滩上的，这已经成了它们世代相传的一种习惯。那时的阿森松岛，离南美洲海岸只有几千米的距离，棱皮龟的孵化场相当于就在自己的家门口。后来，在地球岩浆的推动下，大陆板块分裂漂移，南美洲越漂越远，棱皮龟的孵化场和日常生活的"起居室"的距离也越来越远了，可执着的棱皮龟一定要像祖先那样，始终要游到阿森松岛去产卵。可能对于每一代棱皮龟来说，只是比它们的前辈多游了一点点，但到了几百万年以后的今天，棱皮龟为了产卵，要游那么远的路程，真是不可思议。然而，当棱皮龟历经千辛万苦，跋涉万里在阿森松岛的沙滩上产完卵后，它们不知道人类正在一旁觊觎着，以致棱皮龟的卵刚刚产下，就很快被人类挖走了。因为人们摸清了它们的生殖习性，知道了它们的产卵地。每到海龟的产卵季节，就会早早地赶到海滩去挖取棱皮龟刚刚产下的卵，甚至在海龟产完卵，准备游向大海时，将成龟一起捕获。棱皮龟生存环境的危险程度可见一斑，它们的数量正在急剧减少，濒临灭绝。

四爪陆龟

四爪陆龟也叫"草原龟""旱龟",因其前肢上有4个爪子,故而得名。它们的头比较小,头部有对称的鳞片。四爪陆龟的前肢粗壮而略扁,后肢为圆柱形。成年龟体呈黄橄榄色或草绿色,并带有不规则的黑斑。四爪陆龟腹部甲壳大而平,呈黑色,边缘为鲜黄色,并有同心环纹。同龄的四爪陆龟,雌龟大于雄龟,雌龟尾巴较短,尾根部粗壮,而雄龟尾巴较细长。如果将它们举起时,它们会伸展四肢,做举

手投降状。四爪陆龟的背甲长12~16厘米,宽10~14厘米,体重0.4~1千克。四爪陆龟很长寿,能活百岁甚至更久。

四爪陆龟是生活在内陆草原地区的龟类。通常栖息于肥沃的草原或者荒凉孤寂的沙漠中,夜晚隐匿于洞穴中,白天外出活动时,行动敏捷。

四爪陆龟的洞穴有临时洞和休眠洞两种。临时洞不固定,大多选择蒿草

丛和芨芨草的基部作为临时栖息之所,穴深20~30厘米;休眠洞则在向阳坡地上挖掘,穴深在60厘米以上。在寒冷或干旱的季节里,四爪陆龟就会待在休眠洞中静止不动。每年3月气候转暖以后,当食物丰富了,它们才会爬出洞来到处活动。它们主要以野葱、蒲公英、顶冰花、木地肤等十多种植物的花果为食,偶尔

也吃蜥蜴、甲虫等动物。7月份以后，四爪陆龟因害怕炎热的天气，又陆续进入夏蛰状态。

四爪陆龟的繁殖期一般都在温暖的季节，雄龟和雌龟交配之后，便分开单独生活。雌龟每年产卵2~3次，每次产卵2~5枚。它们所产的卵依靠自然温度孵化，65~82天后，幼龟便会破壳而出。幼龟出生以后，便开始独立生活，四爪陆龟的成长比较缓慢，到10岁时，身体才能发育成熟。

四爪陆龟的性情极为温驯、友善，从不攻击人类或其他动物。遇到危险时，它们会将头部立刻缩进龟壳中，并保持静止不动。但是，这种自保方式基本上起不了什么作用。因此，它们常常会成为许多野兽甚至一些猛禽的猎物。幼龟遭受的袭击最为频繁，常常沦为天敌的美食。

四爪陆龟的龟壳有药用价值，其背甲和腹甲含有氨基酸及丰富的骨胶原，有滋阴潜阳、补肾健骨的功效。

凹甲陆龟

　　凹甲陆龟因背甲上的脊盾和肋盾都明显凹陷而得名。凹甲陆龟在国外主要分布于东南亚一带，在我国仅海南海口、广西和云南西双版纳有分布，是体型较大的陆栖龟类。凹甲陆龟成体体长可在30厘米以上，宽可达27厘米，背甲的长度约为21厘米，宽度约为15厘米，甲壳的高度约为9厘米。它们的头部为棕色，头顶前额有两对对称的大型鳞片，颈部的角板较小，背甲为黄色，带有黑色杂斑，高高隆起，前后缘都向上翘，并且呈长锯齿形。凹甲陆龟的四肢呈圆柱形，比较粗壮。因长期在陆上活动，其趾间没有蹼；前肢上有5爪，后肢上有4爪，这也是它们与四爪陆龟的主要区别。它们的尾巴较短，身上的鳞片也较大，尾基的两侧各有一个大的锥状鳞片。

　　凹甲陆龟通常栖息于高原的森林地区，喜欢干燥的环境。凹甲陆龟主要以植物的果实为食，它们生活的区域一般都有月桂属的植物、蕨类植物、杜鹃花及数量较多的附生植物。

　　凹甲陆龟生性胆怯，受惊时头部会立即缩进甲壳内，但又会马上伸出来，如此重复数次，而且嘴里还不断地发出"哧哧"的如同放气的特殊声音。危险解除后，它们会将头部上下抖动，然后慢慢地伸到甲壳的外面。

　　在我国，凹甲陆龟的野生数量极为稀少，由于原始森林被大量砍伐，破坏了凹甲陆龟赖以生存的自然环境。再加上凹甲陆龟可供食用、药用，导致人们对其过度猎捕，使稀少的凹甲陆龟面临更加严峻的生存危机。凹甲陆龟已被列为国家二级重点保护动物。

敏感的鳖

鳖，还被称为"甲鱼""王八""团鱼"和"水鱼"。我国所产的鳖类有三种：中国鳖、北鳖和圆鳖。它们的头部和龟类动物很像，但背甲没有龟类所具有的条纹，背甲边缘有类似于裙边的柔软组织。

鳖很敏感，一有风吹草动便会立刻潜入水中，并且能迅速将身体掩埋进泥沙里。它们的性格也比较粗暴，相互之间经常发生争斗，即使刚孵化出来的幼鳖也会互相撕咬，甚至蚕食。

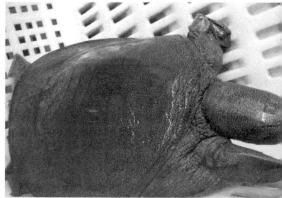

夏秋之际是鳖的繁殖季节，鳖会爬上岸，在离水源不远的松软的泥地上挖一个浅坑，趴在上面产卵。以便在幼鳖孵化出来后，能自己爬到水里去。有趣的是，如果鳖产蛋的地方离水源较远，就预示着近期水位会升高，甚至可能有洪水来临。这是鳖长期适应自然环境的结果。

中华鳖

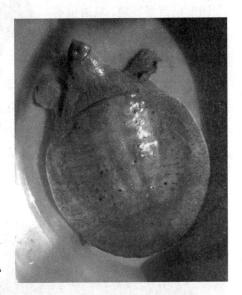

中华鳖的分布较为广泛，我国除青藏高原、新疆、宁夏等地外，各地都能见到。它们的体长20厘米左右，体重1~1.5千克，背甲长约24厘米，宽约16厘米。中华鳖头部呈淡青灰色，散乱地分布有黑点。中华鳖喉部色淡，或有蠕虫状斑纹，或色暗而有黄点。它们的背面为橄榄色，有黑色斑点分布，腹面为黄白色。

中华鳖通常喜欢栖息在湖沼、池塘、江河等水流平缓、鱼虾较多的淡水水域，以鱼、虾、蟹、螺、蚌和小昆虫等为食，也吃水草等植物。每年5~8月是它们的繁殖产卵期，每次产卵9~15枚，孵化期为2个月。它们的冬眠时间从每年的11月开始，一直到第二年的3月。它们冬眠时会潜伏在河底深处的淤泥里。

山 瑞 鳖

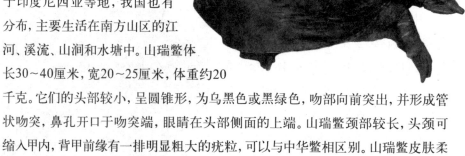

山瑞鳖，有时简称"山瑞"，外形与中华鳖相似，但体型稍大，而且较为肥厚。在国外常见于印度尼西亚等地，我国也有分布，主要生活在南方山区的江河、溪流、山涧和水塘中。山瑞鳖体长30~40厘米，宽20~25厘米，体重约20千克。它们的头部较小，呈圆锥形，为乌黑色或黑绿色，吻部向前突出，并形成管状吻突，鼻孔开口于吻突端，眼睛在头部侧面的上端。山瑞鳖颈部较长，头颈可缩入甲内，背甲前缘有一排明显粗大的疣粒，可以与中华鳖相区别。山瑞鳖皮肤柔软但很粗糙，没有龟那样的角质盾片。其身体较厚，背、腹两面是由骨板包着的，左右两侧连接起来，形成一副特别的"铠甲"。它们的背面呈深绿色，上有黑斑，

身体腹面呈白色，布满黑斑。甲的周围有宽而肥厚的革质皮膜，恰似短裙，所以叫作"裙边"。山瑞鳖四肢扁平，似桨状，也呈乌黑色或黑绿色，趾间有发达的蹼，有3爪，适于在水中游泳和潜水。雄性山瑞鳖体型较扁，尾较长，尾巴末端会露到背

甲的裙边外。雌性则相反，尾较短，不会露出体外。

山瑞鳖常会到岸边和湿地觅食，以鱼、虾、螺等动物为主，也吃动物尸体和水草等。它们白天喜欢在岸边晒太阳，夜晚才会四处活动。

春季和夏季是它们的交配繁殖期，产卵前，雌性会先在向阳的沙滩或泥地挖好一个坑，每次在土坑内产卵10~20枚，随后用沙土或泥土把卵覆盖起来，借助阳光的热能进行孵化。它们的卵为白色，圆形，孵化期30天以上。幼鳖出壳后，就会慢慢爬到水域中。

山瑞鳖的肉可以食用，尤其是裙边被视为宴席上的佳肴。鳖的甲、血能入药，有散结消痞、滋阴清热、益肾健骨的功效，主治淤血、闭经、疮疡等症。

会抗议的鼋

鼋，俗称"绿团鱼""蓝团鱼""银鱼""癞头鼋"。在我国历史上早有记载。《录异记·异龙》中有："鼋，大鳖也。"《尔雅翼·鼋》中也说："鼋，鳖之大者，阔或至一二丈。"周穆王出师东征到达江西九江时，曾大量捕捉鼋等爬行动物来填河架桥，留下了"鼋鼍为梁"的成语故事。东汉时的许慎在《说文解字》中也指出："甲虫惟鼋最大，故字从元，元者大也。"

鼋是淡水龟鳖类中体型最大的一种。体长80~120厘米，体重约50~100千克，最大的超过100千克。鼋外形像龟，生活在水中，头部很小，吻突极短。它们的背甲为暗绿色，近似圆形，长有许多小疙瘩；前缘及裙边光滑，腹甲平滑，腹面为白色，四肢不能缩入壳内；蹼发达，适于在水中游泳；尾巴很短，不露出裙边。

鼋生活在缓流的江河湖泊中，平时喜欢栖息在水底，钻到泥沙里面隐藏自己。鼋是夜行性动物，白天休息，晚上游到浅滩觅食蛙、虾、鱼、螺、蚬等动物。它们的食量很大，吃饱一次之后，可以半个月内不再进食。若被人类生擒，常常10~20天绝食抗议，而且还会将已吞下的食物统统吐出。

鼋在捕食时，会潜伏于水域的浅滩边，将头缩入甲壳内，仅露出眼和喙，待猎物靠近时，再伺机而动。鼋不仅能用肺呼吸，还能用皮肤甚至咽喉进行呼吸，这种特殊的生理功能，确保了鼋可以长期在水底生活，甚至冬眠。在夏秋季节，鼋会每隔一段时间就浮出水面进行换气。每年11月份，鼋都会准时开始在水底冬眠。鼋的冬眠时间很长，达半年之久，要一直到第二年的4月才会醒来。

鼋在每年春季和夏季交配繁殖，雌性大多会在夜间上岸，到向阳的沙土地上掘穴产卵，每次产卵数十枚不等，然后用沙土盖好，还要在上面爬上几圈，使地面平整如初。一切完成之后，鼋就会从另一条路返回水中。它们的卵靠自然温度孵化，40~60天孵化出幼体。幼体出壳之后便会自行爬到水中，先在浅水地带活动和觅食，当体重达到1.5千克时再游到深潭中，俗称"沉潭"。体重长到大约15千克时达到性成熟。

鼋对于汛期内江水的涨落极为敏感，甚至能够预知当年洪水的水位高低，如果它感觉洪水将会比较大，就会将卵产于岸边的高处，反之，就产卵于地势较低的地方。人们了解了鼋的这一习性后，借此来判断当年洪水的大小，以便提早制订防汛的计划和措施。

因为鼋的头颈后部常有疣状突起，所以在我国民间它们还被称为"癞头鼋"。人们普遍认为鼋十分凶猛，会伤人。其实，鼋很少主动对人类进行攻击。在水面上漂浮不动的人，鼋有时会将其误认为"尸体"而进行撕咬，但在水中游泳的人却从

未有被鼋咬伤的事情发生。事实上，鼋偶尔有伤人的现象并非出于本性，而主要是为了自卫，尤其是对那些怀有恶意并在岸上围困和捉弄它们的人，只要一口咬住，它们就不会轻易松口。

鼋的分布与现状

　　鼋在国外主要分布在越南、缅甸等地，在我国则主要见于广西、广东、江苏、福建、浙江、海南和云南等地。安徽省也曾有鼋分布，但很可能已于19世纪晚期灭绝。江苏太湖以产鼋而著称。《太湖备考》中曾有"古为珍味，今太湖中有之，然不易得"的描述，无锡还有一处风景名胜，因为突出在湖中的地形酷似鼋头而得名"鼋头渚"，人们可以在此远眺和观赏湖中美丽的风光。

　　由于人们长期大肆捕杀，加上生存环境的变化，致使鼋的数量急剧减少。目前除浙江的瓯江还有少量鼋的分布外，其他地区已经十分罕见了，估计野生鼋的总数已经不足200只。

鼋的药用价值

《本草纲目集解》中记载："鼋生南方江湖中，大者围一二丈，南人不适之，肉有五色而白色者多，其卵圆大如鸡鸭子，一产二百枚，人亦掘取以盐腌食，煮之白不凝。"

据宋代著名药学家苏颂验证，用黄酒对鼋柔软的皮肤进行浸泡后制成的药酒，能治恶疮、顽疥、痔瘘等症；鼋的背甲有除热散结、滋阴潜阳、益肾健骨的功效，主治头晕、目眩、腰膝痿软、阴虚阳亢等症；其脂肪对恶疮也有一定疗效；其内脏可解药毒、续筋骨、杀百虫、治妇女血热；其胆苦且有毒，但用生姜薄荷汁化服可治喉痹；鼋肉性甘平，有滋补作用，主治湿邪，也治诸虫。

"食指大动"的由来

鼋的肉和卵自古以来一直是名贵的食品和药材。《左传》中记载有宋子公（即公子宋）夺食进贡鼋肉的故事。

楚人给郑灵公献鼋肉，公子宋得知后，认为鼋肉味美香醇，难得一见，要借机尝个新鲜，结果却被郑灵公拒绝了。公子宋因而大怒，竟伸出食指到煮肉的鼎内蘸取肉汁，并吮吸手指品尝。而后洋洋得意地说："我这不是尝到了吗？"说完，扬长而去。

此后，历史上便留下了"食指大动"的成语，后被人用来比喻占取非自己应得的利益。"染指"一词便由此而来。

有毒的玳瑁

玳瑁也叫"文甲""十三鳞""瑇玳"。它们主要分布于太平洋、印度洋、大西洋的热带、亚热带水域中，尤其喜欢在珊瑚礁上栖息。我国南海、西沙各岛以及台湾澎湖列岛都有分布，夏秋季节也能在东海及黄海看到它们的踪影。

玳瑁属大型海龟，体长60~70厘米，体重50千克左右。玳瑁的背甲共有13块，作覆瓦状排列。缘甲的边缘有锯齿状突起，前后肢各有两爪，尾巴很短。玳瑁经常出没于珊瑚礁中，主要以鱼类、甲壳类和软体动物等动物性食物为食，偶尔也吃一些海藻类等植物。玳瑁没有牙齿，但是上下颚却强而有力，不仅能弄碎蟹壳，还能嚼碎软体动物的坚硬外壳。

每年的产卵季节，玳瑁也会和其他海龟一样，上岸掘坑产卵，然后再用沙土将卵掩盖起来，使其靠阳光照射自然孵化。玳瑁的产卵期在每年的3~4月，雌性会在

白天登陆上岸并到海岸边的沙滩上挖穴产卵。一个繁殖期雌玳瑁可以产3次卵，每次产卵120~250枚，大约需要2个月的时间，幼体便会孵化出来。

玳瑁白天在海中栖息，夜里在岛上居住。每当夜晚来临，它们便成群结队游上岸来，若遇见灯火，就会缩回脖子静止不动。人类若想对玳瑁进行饲养，可以在海边浅水处围栏畜养。

玳瑁的肉有毒且有异味，不能食用。《本草纲目》记载，玳瑁的甲片有清热、解毒、镇惊的功效。如今，玳瑁还被广泛地用在工艺品上，如梳子、发卡、眼镜框、表带、雕刻或其他各种工艺品。玳瑁具有较高的经济价值，因而遭到人们的大量捕猎，且已濒临灭绝。因此，我们必须采取相应的保护措施，禁止滥猎乱捕等行为。

玳瑁的价值

在宝石分类中，玳瑁被列入有机宝石类，主要用来制作饰品。玳瑁原名"瑁"，最早载于宋朝的《开宝本草》，是我国的传统中药材，其背甲盾片入药，具有清热解毒、滋阴潜阳等功效，主治小儿惊风、热病发狂、痈肿疮毒等症。

玳瑁的体内主要含角蛋白和胶质，将其倒挂，用煮沸的醋泼在玳瑁的甲片上，其甲片就能逐片剥下，再将鳞片上的残肉去掉，洗净晒干即可。

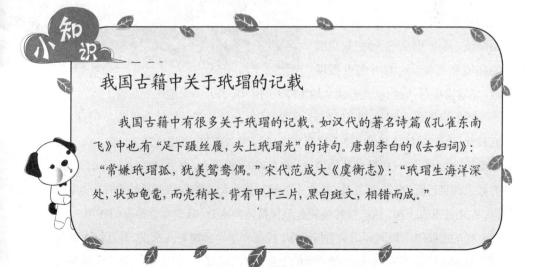

小知识

我国古籍中关于玳瑁的记载

我国古籍中有很多关于玳瑁的记载。如汉代的著名诗篇《孔雀东南飞》中也有"足下蹑丝履，头上玳瑁光"的诗句。唐朝李白的《去妇词》："常嫌玳瑁孤，犹羡鸳鸯偶。"宋代范成大《虞衡志》："玳瑁生海洋深处，状如龟鼋，而壳稍长。背有甲十三片，黑白斑文，相错而成。"

认识蛇目动物

蛇目动物实际上是高度特化的蜥蜴类，在世界上的分布极为广泛，有几千种之多。有的蛇有毒，有的蛇无毒，其种属随地域、气候、环境的不同而不同。它们生活在树上、洞穴中、淡水里或海水中。

蛇的眼睛上大多罩着一层透明的薄膜。其舌头细长、分叉，表面潮湿，伸缩灵活，能够感觉周围的环境和气味。蛇的听觉也很灵敏，地震发生前，它们就能听到从地下传来的声音，并且不安地四处乱窜。

蛇的身体圆而细长，皮肤松弛，四肢退化，全身长有坚韧的角质磷，爬行时速度较快。蛇的体鳞比较小，位于背面到腹鳞两侧。它们的腹鳞比较大，能一张一合地摩擦地面，像脚一样带动身体爬行。蛇有400多根肋骨，在强健的肌肉带动下，蛇有很强的爬行能力。除此之外，肚皮上的鳞片就像坦克的履带一样咬合在一起，所以，蛇还能垂直上树。这些鳞片还能起到保持体内水分、减少水分蒸发的作用。

蛇的皮肤隔一段时间就会自行蜕落，蛇在一年中会蜕好几次皮，并且每次都是将全身的皮肤蜕下来，包括眼睛周围的表皮。每次蜕皮时，旧皮从头部开始慢慢向后逐渐脱落，直至最后蜕下一张完整的蛇皮。蛇蜕下的皮叫"蛇蜕"，有药用价值，主治惊痫、疥癣、目翳、咽喉肿痛等症。蜕皮能帮助蛇去掉身上的寄生虫。一般来说，蛇每隔2~3个月就会蜕一次皮。蛇的身体在春季生长得最快，蜕皮的次数也会相应增加。

蛇的牙齿呈倒钩状，这样可以防止吞吃的猎物逃脱。其下颌部的皮肤比较松弛，能张开大口把猎物包进嘴里，然后再慢慢往下咽。即使是比它的头大得多的猎物，蛇也能成功地将其吞下去。它们经常吞食老鼠、青蛙和小鸟等。

非洲有一种专吃鸟蛋的蛇，真可算得上是吃蛋的行家里手。在这种蛇的喉头处，有30颗"牙齿"，其实，这是脊椎骨的分支。当蛇把比自己的头大数倍的蛋往下吞时，小"牙齿"就会把坚硬的蛋壳打开，蛋黄和蛋白就会流进肚子里，然后再把蛋壳吐出来。

全世界现存的蛇目动物大约有2 700多种，其中1/4是毒蛇。我国大约有174种，包括游蛇、蟒、海蛇、眼镜蛇、盲蛇、闪鳞蛇和蝰蛇等。蛇的体长大小不一，小的长度只有8厘米，最大的为生活在南美洲的水蟒，体长可达数十米。

蛇通常栖息于岩石洞隙、森林、竹林、山区的灌木丛、坟茔、溪沟、田埂杂草间或宅旁柴堆、瓜棚等处，通常喜欢在地面上爬行或上树。

蛇在我国有着悠久的药用历史，早在东汉时期的药学古籍《神农本草经》中就有过蛇蜕的记载。《本草纲目》中记载的药用蛇类达20余种。蛇蜕、蛇肉、蛇舌、蛇血、蛇毒、蛇卵、蛇胆、蛇内脏、蛇油等均可入药，入药的剂型也有很多种，如蛇酒、蛇油、蛇干、蛇丸、蛇散、蛇膏等。近年来，医学专家们还研制出了各种注射剂、粉剂等，对各种顽固性神经痛、结核病以及炎症性疾病均有较好的疗效。

没脚却能爬行的蛇

蛇是脊椎动物里的爬行类，大约出现在1.3亿年以前，是由蜥蜴类进化而来的。蛇没有脚，四肢在进化过程中，已经逐渐退化。这一点在"画蛇添足"这个成语故事中就有明确的体现。蛇虽然没有脚，但却能爬行，爬行速度大约是每小时6.4千米，在遇到危险的时候，还能爬得更快。蛇能爬行主要靠的是其腹部下的鳞片。这些鳞片与鱼身上的鳞片不同，是由皮肤最外面的一层角质层变成的，所以我们叫它"角质鳞"，而鱼鳞片是由皮肤最里面的一层真皮层变成的。蛇的鳞片比较有韧性，不透水，会随着身体的长大而长大。

蛇每蜕一次皮，就会重新长出更大的鳞片。蛇鳞片有两种：一种呈长方形，是生长在蛇腹面中央的腹鳞；另一种形状较小，是生长在腹鳞两侧及延伸至背的体鳞。

蛇要爬行的时候，它们的肋皮肌就会收缩，肋骨向前移动。而腹鳞通过肋皮肌与肋骨相连，肋骨一动，腹鳞片就会竖起来，像一只只小脚一样抵住地面，然后，它再左右扭动身体，一伸一缩就能向前行进了，这就是蛇虽然没有脚却能爬行的原因。

蛇毒的药用价值

无毒蛇类的头呈椭圆形，毒蛇类的头一般呈三角形，而它们之间的根本区别在于有没有毒牙。有毒蛇有毒牙，无毒蛇则没有。毒牙又分为管牙和沟牙。管牙类毒蛇在上颌骨前部有一对长而略弯的管牙。沟牙又有前沟牙和后沟牙之分。前沟牙类毒蛇的毒牙长在其他牙齿的前面，后沟牙类毒蛇的毒牙长在后边。蝰科180余种均为管牙类毒蛇，眼镜蛇科180余种、海蛇科约50种为前沟牙类毒蛇，游蛇科中的部分属种为后沟牙类毒蛇，约100余种。

蛇毒是毒蛇特化的口腔腺——毒腺的分泌物，平时贮存于毒腺囊中，咬物时经颞肌收缩压挤，毒液即沿毒腺导管从毒牙排出。新鲜毒液为黏稠状的液体，化学成分复杂，不同种类的成分也不一样，一般除含65%~82%的水分外，主要是蛋白质类化合物，其中的毒蛋白和小分子量的多肽能引起中毒或死亡。蛇毒可分为神经毒、血循环毒和二者兼有的混合毒三种。现代医学已将蛇毒提取物应用于止血、镇

痛、抗凝、降压等方面。由于蛇毒的成分复杂，人类对其的应用将会随着研究的深入而不断发展。

最近，日本东京大学分子细胞生物学研究所从蛇毒中发现了一种蛋白质，它能让细胞自杀。该蛋白质不是从外部破坏细胞，而是从内部促使细胞自行灭亡。研究人员认为，身体内不被需要的细胞自行毁灭的现象也存在于人体中，这是一种很常见的现象，但是，如果将这种蛋白质注入人体，并且人为地引导它去引起体内不需要的细胞自杀，就有可能成为治疗癌症的方法。

小知识

蛇的尾巴

有的人认为蛇没有尾巴，也有的人认为整条蛇本身就是一条长尾巴。其实不是这样的，蛇和其他动物一样，身体也是由不同的部分组成的，其中自然也包括一条尾巴。但是因为蛇通体细长，人们很难分辨清楚，从它们身体的哪一段开始是它们的尾巴。

蛇是由蜥蜴演变而来的，它们的脚已经随着自然环境的进化而逐渐退化，只剩下光溜溜的身子。但它们还是保留了尾巴，蛇尾巴的起始位置在肛门，也就是蛇的"泄殖孔"之后。如此看来，尾巴几乎能占到蛇身长的1/4。对于不同种类的蛇来说，它们尾巴的功能并不都是一样的。比如东南亚的毒蛇竹叶青，它们喜欢在树上生活，它们的尾巴可以用来牢牢地攀住树枝。

我们还可以根据蛇的尾巴来大致判断其毒性的强弱。一般来说，蛇身相对短而粗，且尾巴也短的就有可能是毒蛇，比如蝰蛇。身子和尾巴都较长的蛇往往无毒。

蛇虽然是由蜥蜴进化而来，却不能像蜥蜴那样，遇到危险时能自断其尾。如果它们的尾巴断了，就再不会长出来了。

超强的忍饥挨饿能力

　　蛇的忍饥挨饿能力是很强的。曾有记录，一条蟒蛇被饿了2年零9个月才死去。在既无食又无水的情况下，蝮蛇平均能活78天，最长能活107天，最短也能活34天。如果在有水但是没有食物的情况下，蛇的耐饿能力能提高1倍左右。

　　为什么蛇的忍饥挨饿能力这么强呢？原来，它们自有一套节约能量的本领。恒温动物，为了保持恒定的体温，就需要消耗能量。可是，蛇是变温动物，它们可以依据外界气温的变化来改变自身的体温，这样就能节约很多的能量。虽然它们一年四季的体温都不一样，即使是在同一天中，它们的体温也会随着外界温度的波动而变化。所以，它们需要消耗的体内的能源物质就比恒温动物少得多。举例来说，一头猪和一条大蟒蛇的重量相等，如果猪每天消耗150份的能源物质，那么蛇只要1份就够了。在冬眠时，蛇所消耗的能量更是微乎其微。经过长达5个多月的冬眠后，它的体重也仅仅减轻了2%左右。

　　与此同时，蛇类吸收营养成分的效率特别高。一口气连吞四五只小白鼠，对蛇来说并不稀奇。有时，它们还能吞食比自己大而长的食物。例如蝮蛇可以吞下比自己头部大10倍的鸟，5天左右就能消化完，连骨头也能消化。消化以后，这些营养成分便在体内贮存起来，一些不能消化的兽毛和鸟羽就会随粪便一起排出体外。蛇类在能量的积聚和消耗上的能力都特别强，从而也体现了它们顽强的生命力。

小知识

打蛇打七寸

蛇的七寸，一般在蛇的头后部3~5厘米的地方，具体视蛇的大小而定，不需要准确的定数。

之所以说"打蛇打七寸"是因为"七寸"部位是蛇的心脏所在，一旦受到重创，则必死无疑。当然，并不是每条蛇的七寸部位都一样，它们会因蛇的种类、大小的不同而不同。古语常用"擒贼先擒王，打蛇打七寸"来形容战略上要抓住对方的要害进行攻击。

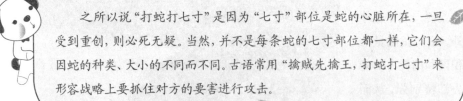

毒 蛇

竹叶青

竹叶青，俗称"青竹蛇""焦尾巴""焦吊"，是蛇目蝰科蝮亚科的一种。它们主要分布于我国长江以南各省、区，甘肃省和吉林省长白山也曾发现其踪迹。

竹叶青头呈三角形，头顶有细小的鳞片，眼睛是红色的，脖子较细，尾巴很短，一般为焦红色。竹叶青体长60~100厘米，全身草绿色，最外侧背鳞的中央呈白色，自颈部之后有白色侧线，有的在白侧线内又有一条红侧线，有的则没有侧线，其腹面呈淡黄绿色。

竹叶青喜欢栖息在山区阴暗潮湿的溪边、岩壁或石上、杂草灌木丛和竹林中。它们一般傍晚和夜间才会出来活动，阴雨天活动最频繁。由于它们的体色和树叶接近，加上尾巴的缠绕功能及灵活性比较强，所以它们很能适应树上的生活。它们常吊挂或攀绕在溪边的树枝或竹枝上，体色与栖息环境均为绿色，不容易被发现。竹叶青常捕食蛙、蜥蜴、鸟和鼠类，有冬眠习性。冬眠期为大雪至来年惊蛰时分，5月份出洞。竹

叶青为卵胎生，每年7~8月间产仔蛇3~25条。刚出生的小蛇就有毒牙，也能伤人。

竹叶青有毒，会主动攻击人。人被咬伤后，伤口局部红肿、剧烈灼痛，肿胀发展迅速，可溃破，其典型症状为血性水泡较多，全身症状有头昏、恶心、呕吐、腹胀痛。部分患者有吐血、便血、黏膜出血等症状，严重的甚至会引发中毒性休克。一般较少出现全身症状，不致有生命危险。

竹叶青和无毒的翠青蛇体型相似，体色相近，人们很容易将它们混淆，其实它们有一个最明显的区别：翠青蛇通体就只有一个颜色，而竹叶青的尾巴呈焦红色，就像被火烧焦了一样，所以竹叶青也被叫作"焦尾仔"或"火烧尾"。

美味的毒蛇——金环蛇

金环蛇有剧毒，在国外主要分布于南亚及东南亚等国。我国主要分布在广东、海南、福建、云南、广西等地。

金环蛇头呈椭圆形，尾极短，略呈三棱形，末端钝圆而略扁。金环蛇体长100~180厘米，身体颜色为黑色与黄色相间，黑色环纹和黄色环纹几乎等宽，黄色环纹在体尾共有23~28环，在尾部有3~5环。它们的背部共有15行平滑的鳞片，它们的背部正中的一行脊鳞扩大呈六角形，腹部为灰白色。

金环蛇栖息于海拔180~1 000米的平原或低山，喜欢居住在植被覆盖较好的潮湿地区或水边。金环蛇怕光，白天往往盘着身体静止不动，把头藏在腹下。夜间活动频繁，以蜥蜴、鼠类、鱼类、蛙类等为食，有时也吞食其他蛇类及蛇蛋。它们行

动迟缓，毒性十分剧烈，但是不主动攻击人。金环蛇为卵生，它们一般会将卵产在腐叶下或洞穴中。它们每年的5～6月产卵，每次的产卵数量为6～14枚。

金环蛇是著名的食用蛇之一，与眼镜蛇、灰鼠蛇并称"三蛇"。蛇体可用于泡酒，蛇胆也被用来入药，长期以来被大量捕杀，导致野外金环蛇的数量已极为稀少。

小知识

三蛇酒

将"三蛇"（眼镜蛇、金环蛇、灰鼠蛇）剁去头，洗净后切成短节；生地黄洗净切成片；将适量冰糖放入锅中，加入适量水放在火上加热融化，待糖汁成黄色时，趁热用两层纱布过滤去渣。

将蛇、生地黄直接倒入装有白酒的酒坛中，加盖密封，每天搅拌一次。10～15天后开坛过滤，加入冰糖汁后再充分搅拌均匀，密封15天后即成。每次饮用10～15克，每日两次。

这种名叫"三蛇酒"的药酒，有祛风、行血、活络、去寒湿的功效，蜚声中外，成为名酒。

死后还能咬人的剧毒蛇——响尾蛇

响尾蛇,因其尾巴能发出流水般的响声而得名。响尾蛇主要分布在美洲,大约有20种。响尾蛇一般体长1.5~2米,身体呈黄绿色,背部有菱形黑褐斑,末端有一串角质环,这是多次蜕皮后的残存物。当它们遇到危险时,响尾蛇会迅速摆动尾部的尾环,每秒钟可摆动40~60次,并且能长时间发出响亮的声音,致使敌人不敢靠近或被吓跑。响尾蛇的眼和鼻孔之间有颊窝,能灵敏地感受热能,可以用来测知猎物的准确位置。

响尾蛇尾端的几个角质环节,中间是空的,储满了空气,每当尾巴摇动时,空气就会产生振荡,流水般的声音也由此而来。响尾蛇将身体盘曲成圆圈时,也常把尾巴竖在中间,以便摇动时能发出声响。野生响尾蛇响环上的鳞片一般都在14片以内,而在动物园里饲养的响尾蛇响环上的鳞片可能会多达29片。

虽然响尾蛇的身体在逐渐长大,但是它的外皮却不会随之长大,因此外皮就会相应的蜕掉。每次蜕皮,皮上的鳞状物就会被留下来添加到响环上。当它四处游动时,鳞状物会掉下来或是被磨损。不同种类的响尾蛇尾部环节的数量是不一样的,大多数为10~12节。

由于响尾蛇独特的生理结构,使得它靠一种奇特的横向伸缩的方式穿越沙漠,它能抓住松沙,在寻找栖身之所或追捕猎物时行动迅速。所以,当响尾蛇从沙地上穿过时,沙地上就会留下其独有的一行行踪迹。

响尾蛇在生活习性上大多是昼伏夜出。白天在洞里休息,或是将自己隐藏在灌木丛中,很难被发现,在夜幕降临后不久便开始捕食。响尾蛇是肉食性动物,喜食

蜥蜴、鼠类、野兔、鸟类，也吃其他蛇类。响尾蛇是卵胎生，每次产仔蛇多达8~15条。

响尾蛇有冬眠现象，每年9月下旬，夜间的气温开始下降，这时响尾蛇就会开始"考虑"回巢越冬了。到了10月中旬，响尾蛇会陆续回到巢穴中集群冬眠。随着气温渐渐变冷，这些响尾蛇也就渐渐地开始进入越冬的蛰伏生活。

响尾蛇有剧毒，杀伤力极强，即使已经死去，也还是一样危险。美国的研究报告指出，响尾蛇即使在死后1小时内，还能弹起身体，并袭击敌人。就算切除头部，它仍有咬噬的能力。

科学家们早已知道，响尾蛇的头部拥有特殊的感应器官，可以利用红外线感应附近发热的动物。而响尾蛇死后的咬噬能力，就是来自这些红外线感应器官的反射作用。即使响尾蛇的其他身体机能已经丧失，但只要头部的感应器官组织还未腐坏，即在响尾蛇死后1小时内，它仍可探测到附近15厘米范围内发出热能的生物，并自动作出袭击反应。科学家根据这一原理发明出许多产品，并广泛运用于军事。

人类若是被响尾蛇咬伤后，立即会有严重的刺痛灼热感，随即晕厥。根据被咬情况，晕厥时间有可能是几分钟，也有可能是几个小时。恢复意识后，伤者会感觉身体沉重，被咬部位肿胀，呈紫黑色，里面肌肉已经腐烂；体温升高，并开始产生幻觉，视线中的所有物体都成了褐红色或酱紫色。

响尾蛇的毒液进入人体后，会产生一种酶，使人的肌肉迅速腐烂，破坏人的神经纤维，进入颅神经后会导致脑死亡。

响尾蛇的热眼

响尾蛇的眼睛虽然又圆又亮，但是它们的视力却很差，加上它们喜欢生活在

阴暗潮湿的环境中，所以它们是看不到东西的。那响尾蛇是如何感知周围的环境并作出反应的呢？原来，物体都会向外辐射红外线，蛇的热感受器接收到这些红外线之后，就可以判断出猎物的准确位置并迅速将它们捕获。所以，人们把蛇的热感受器也叫作"热眼"。

那么，这个"热眼"是如何帮助响尾蛇"看见"周围东西的呢？

原来，响尾蛇和蝮蛇一类的蛇，它们的"热眼"都长在眼睛和鼻孔之间一个叫作"颊窝"的地方。颊窝一般深5毫米，就像一粒大米大小。颊窝呈喇叭形，喇叭口斜向前，其间被一片薄膜分成内外两个部分。里面的部分有一个细管与外界相通，所以颊窝里面的温度和蛇所在的周围环境的温度是一样的。而外面的那部分却是一个热收集器，喇叭口所对的方向如果有热的物体，红外线就经过这里照射到薄膜的外侧一面。显然，这要比薄膜内侧一面的温度高，布满在薄膜上的神经末梢也就感觉到了温差，并产生生物电流，传给蛇的大脑。蛇知道了前方什么位置有热的物体，大脑就发出相应的"命令"，蛇就会马上去捕获这个物体。所以，即使把一块没有生命、烧到一定热度的铁块放在蛇的附近，它们也会马上去袭击这个铁块。

响尾蛇与仿生

响尾蛇导弹自开发研制出来以后，被广泛用于空战。响尾蛇导弹就像一条能吞噬飞机的毒蛇，从第三次中东战争开始，它们几乎参加了所有的空战。现在，军事专家们已经开发出了十多种型号的响尾蛇导弹，形成了庞大的响尾蛇导弹家族。

那么，响尾蛇导弹与响尾蛇到底有什么关系呢？这还要从响尾蛇的"热定位器"说起。

1937年，科学家们对响尾蛇进行研究时发现，如果把它的眼睛蒙上，它照样能丝毫不受影响地追击猎物。这说明，响尾蛇追击猎物靠的并不是它明亮的眼睛。

1952年，科学家再次研究响尾蛇时发现，当热源或冷源接近响尾蛇时，它就会受到刺激，神经脉冲也会发生激烈变化，即使放在30厘米以外的人手的热度也会激起它的反应。最后，人们终于发现响尾蛇有个热定位器，长在它的眼睛和鼻孔之间的颊窝地方，能够感受红外线的辐射，使神经进入兴奋状态。在这种热定位器的帮助下，响尾蛇就能很容易地感知到前方的热物体，从而判断出它的大小和距离，最终决定是进攻还是逃离。

20世纪70年代，生态学家勃鲁兹·明斯在美国佛罗里达州的荒野中，逮住了28条响尾蛇，他在这些响尾蛇的胃里装进了一种蜡封的小型传感器。带有这种仪器的响尾蛇既会响，又会发报，经过这次试验，他掌握了响尾蛇的捕食、繁殖、冬眠等生活习性，再次验证了有关其热定位器的论断。

军事专家仿造响尾蛇的热定位器，研制出了响尾蛇空对空导弹。飞机在飞行时，发动机尾部喷管排出的热气流会产生很强的红外线热辐射，这样，飞机就成了一个很大的热辐射目标，响尾蛇导弹就能紧紧地"咬"住飞机，直到将它击毁。

自寻草药疗伤——蝮蛇

蝮蛇也叫"土公蛇""七寸子""灰链鞭""草上飞""地扁蛇"。蝮蛇分布广泛,我国除青藏高原等少数地区外均能见到。蝮蛇体长60~70厘米,头呈三角形,脖子较细。它们的背面为灰褐色,两侧有黑褐色圆斑且呈带状分布,腹面为灰黑色,点缀有黑白斑点。

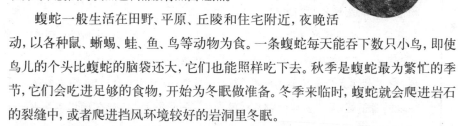

蝮蛇一般生活在田野、平原、丘陵和住宅附近,夜晚活动,以各种鼠、蜥蜴、蛙、鱼、鸟等动物为食。一条蝮蛇每天能吞下数只小鸟,即使鸟儿的个头比蝮蛇的脑袋还大,它们也能照样吃下去。秋季是蝮蛇最为繁忙的季节,它们会吃进足够的食物,开始为冬眠做准备。冬季来临时,蝮蛇就会爬进岩石的裂缝中,或者爬进挡风环境较好的岩洞里冬眠。

蝮蛇有致命的剧毒,能将人和大型动物毒死,所以被称为"毒蛇之王"。但是,蝮蛇一般不会主动攻击人。蝮蛇也有天敌,主要是猫头鹰、鹰和其他猛禽。

蝮蛇为卵胎生,每年5月、8月、9月和10月上旬为蝮蛇的交配期。雌蛇与雄蛇交配完以后,精子便会一层一层地排列在其卵巢里,可保存3~4年之久。3~4年中,雌蛇将精子一层接一层地释放出来,以便受孕。经过105天的怀孕期,雌蛇每年8~10月能产仔蛇2~15条。幼蛇刚一出生,就能开始完全独立的生活;3~4年后,幼蛇达到性成熟,长成成蛇。

蝮蛇很聪明,当它受伤或感觉疼痛时,就会在一种野草丛中反复地爬来爬去。如果伤痛仍未痊愈,它的伙伴就会将药草嚼碎,涂抹在它的伤痛处,给它治疗。中医证明,这种野草能治疗毒蛇咬伤及其他伤痛。

蛇兵助阵

公元前196年，北非古国迦太基的著名军事家汉尼拔统帅着他的军队到了叙利亚，正赶上比提尼亚和帕加马两个小国在交战。帕加马和罗马是友好国家，但汉尼拔刚刚败给罗马军队，于是他便想趁机打败帕加马以报国仇。

比提尼亚国王很欣赏汉尼拔，并把一支精锐舰队交给了汉尼拔，他相信凭着汉尼拔的聪明才智，一定能够战胜罗马。

其实，汉尼拔的军队远远不如帕加马的军队强大，军备物资也不充足。但是，汉尼拔却早已成竹在胸，并决意用谋略智取。在战斗的准备阶段，汉尼拔不是让士兵补充给养，而是一反常态，对士兵说："我们要制造一批特殊的武器。"士兵们都觉得很奇怪，个个像丈二和尚似的摸不着头脑。接下来，他让士兵们四处捕蛇，并购置一些陶罐。士兵们虽然很纳闷，但还是服从命令，听从指挥，立即开始到处捕捉毒蛇。当大批毒蛇捉来以后，汉尼拔又让士兵们在每个罐子里装进两条毒蛇，然后，再将罐口封起来，然后高兴地对士兵们说："这就是我们的特殊武器。"

士兵们这才恍然大悟，原来这批特殊的武器就是陶罐里面装的毒蛇。

战斗在即，帕加马的舰队自以为实力雄厚，气势汹汹地向比提尼亚舰队冲来，两支舰队间的距离越来越近。这时，比提尼亚舰队上的士兵，抱起一只只陶罐，向帕加马的舰队的甲板上使劲地扔过去。帕加马的士兵被比提尼亚舰队这突如其来的举动弄得莫名其妙，尤其是那一个个滚动的陶罐，他们也不知道是什么武器，个个惊慌失措。一个个陶罐落到甲板上纷纷碎裂了，里面爬出一条条长长的毒蛇。这些吐着长舌头的毒蛇在甲板上四处乱窜，还不时地向人发起攻击。帕加马的士兵被吓破了胆，再也没有心思作战，个个抱头鼠窜，钻进船舱，大败而归。就这样，汉尼拔用"蛇兵"助阵，打败了罗马的盟国——帕加马。

剧毒致人五步倒——尖吻蝮

尖吻蝮也叫"五步蛇""白花蛇""翘鼻蛇""犁头蛇""蕲蛇"。其最大特点是吻端尖突上翘，因而被称为"尖吻蝮"。尖吻蝮有剧毒，据说被咬以后，伤者不出五步就会晕倒，因此也叫"五步倒"。其毒性与眼镜王蛇相当，属国家二级濒危保护动物。

尖吻蝮在我国分布较广，尤其是我国长江以南大部分地区，国外只见于越南北部。其身体粗大，体长1.2~1.5米，最长可达1.8米以上。尖吻蝮头很大，呈明显的三角形，脖子较细，头背为黑褐色，并有对称分布的大鳞片，具颊窝。它们的身体背部呈深棕色及棕褐色，背面正中有一行方形大斑块。其腹面呈白色，有交错排列的黑褐色斑块，尾尖一枚鳞片侧扁而尖长，俗称"佛指甲"。若尖吻蝮被逼到走投无路时，它们就会调转"尾利钩"，破腹自杀。

尖吻蝮主要生活在海拔100~1 400米的山区或丘陵地带，大多栖息于山谷溪涧

附近，偶尔也会进入山区村宅。天气较炎热时，尖吻蝮就会进入山谷溪流边的岩石、草丛或树根下的阴凉处避暑；天气寒冷时，它们会在向阳山坡的石缝及土洞中冬眠。尖吻蝮喜食鼠类、蜥蜴、鸟类和蛙类等。

尖吻蝮为卵生，每年8～9月间产卵，每次产卵6～20枚，孵化期约为20多天，雌蛇有护卵习性。

尖吻蝮的药用价值很高，蛇肉具有祛风湿、散风寒、舒筋活络、镇痉、止痒的功能，对风湿性关节酸痛、四肢麻、骨神经痛、风瘫疬风、小儿惊风、口疮、遍身疥癣、黄癣、皮肤瘙痒、恶疮等病症均有较好疗效。

尖吻蝮在我国古籍中的记载

关于尖吻蝮的习性和药用价值，唐·柳宗元在《捕蛇者说》中写道："永州之野产异蛇，黑质而白章。触草木，尽死。以啮人，无御之者。然得而腊之以为饵，可以已大风、挛踠、瘘、疠，去死肌，杀三虫。"

宋代庄绰的《鸡肋编》载"白花蛇"条云："今医家所用，惟取蕲州蕲阳镇山中者。去镇五六里有灵峰寺，寺后有洞，洞里皆此蛇，而极难得。得之者以充贡。洞内外产业，虽枯两目犹明；至黄梅诸县虽邻境，枯则止一目明；其舒州宿松县又与黄梅为邻，间亦有之，枯则两目皆不明矣。"

明朝大医药学家李时珍曾几次上蕲州龙峰山，目睹蕲蛇吃石南藤及其被捕的情况，根据实地观察，写了《白花蛇传》。他还在《本草纲目》中，对蕲蛇的形态、习性、捕捉干制的方法和用途作了详尽的记述。他说："花蛇，湖、蜀皆有，今惟以蕲蛇擅名。然蕲地亦不多得。市肆所货，官司取者，皆自江南兴国州诸山中来……龙头虎口，黑质白花，背有二十四个方胜文，腹旁有念珠斑，尾尖有一佛指甲，多在石南滕上食其花叶。人以此寻获，先撒沙一把，则蟠而不动。以叉取之，用绳悬起，剖之置水中，自反尾涤其腹。"

据清初顾景星的《黄公说字》说："谨按蕲地花蛇，有黄白黑三种，黄白二花可货数十金。黑花不过数金而已。昔产龙峰山洞，今无有，惟三角山出，一岁不能多得，土人获此物必食荤物方可。否则，其走如飞，牙利而毒，如人手足为口齿所创，必以刀断去，稍迟则不能救。"并说："市肆所货，皆浙蛇，非蕲蛇，花与指甲皆同，土人亦莫能辨。但三角山在二蕲交界之处，相传蛇一逾界，则只一目……"

《黄州府志》载有民谣曰："白花蛇，谁教尔能辟风邪，上司索尔急如火，舟中大夫只逼我，一时不得皮肉破……"。蕲蛇性喜潮湿阴凉处，多穴居栖息在山谷溪涧岩石上、落叶间、竹林下、草丛中，外出往往伏于烂草枯叶之间，以便于发起进攻，猎取食物和隐蔽自己。

头似烙铁的毒蛇——烙铁头

烙铁头，因其身体形状与旧式烙铁相似而得名，俗称"小青龙"，分布在我国南方各地。其头部呈三角形，上腭骨短而高，附生一对弯曲的毒牙，嘴闭合时，毒牙平卧口内，嘴张开时，会随之竖立。烙铁头的脖子较细，体长1米多，体背呈棕褐色，在背中央线两

侧有并列的暗褐色斑纹，左右相连而呈链状，在该斑纹下面还有不规则的小斑纹，腹部为灰褐色，有许多斑点。

烙铁头主要栖息在山区森林、丘陵地带的通风凉爽或阴暗处，喜欢在夜间出来活动，以鼠类、蜥蜴、蛙类、鸟类等为食。因为环境变化和人类的捕杀，烙铁头的数量日渐稀少，濒临灭绝，属于国家特级保护动物。

用计猎食的眼镜蛇

眼镜蛇俗称"饭铲头""吹风蛇""饭匙头"等，主要分布于我国的滇南地区。其身长1~2.5米，雄性较雌性略长。眼镜蛇头呈椭圆形，牙齿有毒。其颈部背面有白色眼镜架状斑纹，体背呈棕黄、灰黑或蓝黑色，并分布有十多个黄白色横斑，身体后段有数道浅色横纹。眼镜蛇兴奋或发怒时，其身体前部的1/3会竖起，头部高昂且颈部扩张呈扁平状，状似饭匙。又因其颈部扩张时，背部会呈现出一对美丽的黑白斑，酷似眼镜一样的花纹，故名"眼镜蛇"。一般情况下，眼镜蛇不会主动对人或其他动物发起攻击。

眼镜蛇栖息于海拔1 600米以下的各种环境中，如干燥的坡地、竹林、坟堆等处。眼镜蛇十分狡猾，它们在捕猎时，会事先躲在草丛中，只露出尾巴轻轻摇动，老鼠或者小鸟看到后，以为是蚯蚓在爬动，兴冲冲地前去捕食。这时，眼镜蛇就会伺机冲出来偷袭，一转眼工夫，老鼠或小鸟就成了送上门的美餐。

眼镜蛇使用毒液有两种办法：对付猎物，它们会用毒牙把猎物咬死；遇到进攻者，它们会喷射带毒汁的唾液。

眼镜蛇头部的唾液分泌腺周围布满了肌肉，当遇到危险时，肌肉就开始收缩，并让有毒的唾液喷射出去。眼镜蛇喷射毒液时命中率很高，可喷射2米远。如果毒液溅入进攻者的眼睛里，可导致失明。

眼镜蛇的毒性很强，可以致命。人若被其咬伤，除非能够得到及时的抢救，否则几小时之后就会死亡。眼镜蛇毒具有神经性毒素，主要作用于人的中枢神经系统。被咬后，伤者立马会感到一阵麻木，这种麻木不久就会由伤处遍及全身，使伤者有些眩晕，随后四肢无力，呼吸紧张，最终陷入昏迷状态而亡。印度眼镜蛇分布很多，每年因被毒蛇咬伤而致死的人数达2万之多！

眼镜蛇闻声而舞的秘密

印度耍蛇人经常会用眼镜蛇来做表演。这种用来表演的眼镜蛇都已经被拔去了毒牙。当悠扬的笛声响起时，眼镜蛇就会随着笛声翩翩起舞。其实，它们根本没有耳朵，也听不到笛子所发出的声音，更不会分辨不同的音律，它们只是被笛子的晃动所迷惑，摇动身体表示它们准备时刻发起进攻。

毒蛇之王——眼镜王蛇

眼镜王蛇有很多别名，如"过山风""过山标""山万蛇""吹风蛇""大眼镜蛇""大扁颈蛇"等。眼镜王蛇没有眼镜蛇那么常见，一般只分布在我国广西、云南、广东、海南、浙江、福建等地。国外一般分布在东南亚及印度等地。眼镜王蛇与眼镜蛇在外形上颇为相似，但眼镜王蛇的体型更大，最长可达6米。眼镜王蛇颈部背面没有眼镜斑，顶鳞之后有一对大的枕鳞。其黑、褐色的底色间有白色条纹，腹部为黄白色。幼蛇为黑色，并有黄白色条纹。

眼镜王蛇通常生活在沿海低地至海拔1 800米左右的山区林地边缘靠近水的地方，常居于山溪旁的树洞中，用落叶筑成巢穴。它们夜间隐匿在岩缝或树洞内歇息，白天出来觅食。除了捕食老鼠、蜥蜴及小型鸟类外，还捕食其他蛇类，包括金环蛇、眼镜蛇、银环蛇等有毒蛇种。眼镜王蛇的视力不好，耳朵里没有鼓膜，所以对因空气振动而产生的声音没有什么反应。它们识别天敌和寻找食物主要是靠舌头。

眼镜王蛇喜欢独居，属卵生动物，通常每年7~8月间产卵，每次产20~40枚卵。雌蛇有护卵习性，长时间盘伏于卵上护卵。

眼镜王蛇性极凶猛，有剧毒，受惊发怒时身体前部会立起，颈部变得宽扁，有主动进攻的特点，是世界上最危险的蛇之一。人若被它咬伤，不到1小时就会丧命。

眼镜王蛇的剧毒主要在牙齿上，其肉无毒，味道鲜美；蛇皮可制成工艺品；蛇毒、蛇胆有极高的药用价值。现在，野外的眼镜王蛇已不多见，大部分都遭到捕杀，如不及时采取有效的保护措施，有灭绝的可能，现已被列入《濒危野生动植物种国际贸易公约》名录。

小知识

蟒和蛇的区别

蟒的体型要比蛇大得多，头骨的构造也不完全一样。另外，在蟒的体内还保留着一对条状的髂骨和小型股骨，尾短而粗，呈圆柱形。肛门前面两侧各有一个矩形状的后肢痕迹，长约1厘米，略呈圆锥形，雄性尤为发达，交配时用于抱握雌性，这些都说明它们的祖先曾经具有健全的四肢，只是在进化的过程中逐渐退化消失了。

生活在海里的剧毒蛇——海蛇

海蛇，顾名思义，是生活在海里的蛇，大部分都有毒。海蛇主要生活在太平洋和印度洋沿岸的温暖水域。在我国广西、浙江、江苏、福建、广东、海南、辽宁和台湾等近海地区均有分布，约有20种。

海蛇是由在陆地上生活的蛇经过漫长的发展演化而来的，现已适应了海洋生活。除平尾海蛇会经常爬上陆地在温暖的沙滩上沐浴阳光，产卵繁殖外，其他海蛇种类可以终生生活在海水中。

海蛇喜欢在大陆架和海岛周围的浅水中栖息，在水深超过100米的开阔海域中很少见。有的种类喜欢栖息在沙底或泥底的浑水中，有些种类却喜欢在珊瑚礁周围的清水里活动。不同种类的海蛇潜水的深度是不一样的。曾有人在四五十米水深处见到过海蛇。浅水海蛇的潜水时间一般不超过30分钟，在水面上停留的时间也很短，每次只是露出头来吸上一口气就又潜入水中了。深水海蛇在水面逗留的时间较长，潜水的时间可达2~3个小时。

为了适应水中的生活，海蛇的体型变得很小，身体扁平，尾巴呈桨状，便于在水中游泳潜水。它们的鼻孔朝上，有瓣膜可以开合，吸入空气后，可以关闭鼻孔潜入水下。海蛇在水中生活，通过皮肤从海水中吸进氧气。海蛇身体表面有鳞片包裹，鳞片下面是厚厚的皮肤，可以防止海水渗入和体液的丧失，舌下有盐隙，可以排出随食物进入体内的过量盐分。

海蛇多为卵胎生，大部分能在水中直接产出幼蛇。海蛇的蜕皮是在水下将皮一节一节地脱落，还会像陆地

祖先一样，通过采用把自己身体蜷成一团的方法来驱除寄生虫。

海蛇有肺，而且很大，几乎占据了海蛇的整个身体，就像是一个空气箱，当需要浮出水面的时候可以立即充满空气。

海蛇是肉食性动物，食物主要以鱼类为主。它们的摄食习性与体型有关，牙齿又小又少的海蛇的毒牙和毒腺不大，主要以鱼卵为食。有些海蛇喜欢捕食身上长有毒刺的鱼，在菲律宾的北萨扬海就有一种专以鳗尾鲶为食的海蛇。鳗尾鲶身上的毒刺刺人很疼，甚至能将人刺成重伤。除了鱼类以外，海蛇也常袭击较大的生物，但是它们并不像鲨鱼那样具备强有力的颚，很多海蛇是依靠其毒素器官来进行自卫和获取食物的。我们都知道眼镜蛇的毒性可以很快置人于死地，但海蛇毒液的毒性比眼镜蛇还要大得多。海蛇的毒液属于神经毒素，人被海蛇咬伤后的那一瞬间只有一点麻木和刺痛的感觉，一般要过4个小时以后才会出现明显的发病症状。毒素一旦发作，伤者的全身肌肉将会感觉酸痛、颈部强直、眼睑下垂、心脏和肾脏受损。如果抢救无效，伤者最终将死于心力衰竭。我国海南岛的部分渔民如果在收网时发现网中有海蛇，有时宁可放弃

得到的收获。

在海蛇的生殖季节，它们喜欢聚在一起形成绵延几十千米的"长蛇阵"，这就是海蛇在生殖期出现的大规模"聚会"现象。完全水栖的海蛇的繁殖方式为卵胎生，每次产下3~4尾20~30厘米长的小海蛇。而能上岸的海蛇，依然保持卵生，它们在海滨沙滩上产卵，任其自然孵化。

海蛇的天敌是海鹰和其他食肉海鸟。它们一看见海蛇在海面上游动，就会疾速从空中俯冲下来，衔起一条就振翅高飞。海蛇离开了水就没有了进攻能力，而且几乎完全不能自卫了。另外，部分鲨鱼也以海蛇为食。

小知识

海蛇的食用及药用价值

海蛇以鱼虾为食，它的肉含有高蛋白，营养丰富，味道鲜美，可以鲜食，也可加工成罐头食品，是滋补佳品，具有促进血液循环和加快新陈代谢的作用，常用于病后或产后体虚等症，是老年人的滋补上品。

海蛇的食用方法有很多，肉可红烧、清蒸、煲汤。其中海蛇炖火鸡是有名的"龙凤汤"。海蛇肉煲粥是有清凉解毒功效的美食佳肴；海蛇汤鲜香可口；海蛇酒可作为祛风活血及止痛的良药。

海蛇皮可以用来制作琴膜及装饰品，如各种箱包手袋等；蛇毒可制成治癌药物"蛇毒血清"，还可以用来治疗毒蛇咬伤、坐骨神经痛、风湿等症，并可以从中提取十多种活性酶；蛇血治雀斑十分有效；蛇油可制成软膏、涂料；蛇胆可入药，浸药酒，可以祛风活血，有强身健体的功效。将活蛇入酒，浸死，然后取出来，清洗干净，封存在60°的酒中半年以上，每次服用少量，同时用酒擦身，可用于治疗风湿性关节炎、腰背痛、肌肉麻木等疾病，这是利用海蛇治病的一种传统方法。

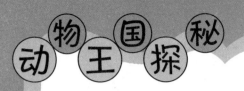
无毒蛇

被当作宠物的玉米蛇

玉米蛇也叫"玉米锦蛇""粟米蛇""红鼠蛇"。主要分布在美国以及墨西哥湾沿岸的干燥林地、沼泽和农田里。

玉米蛇一般为黄白体色，杂以黄色或橘色斑点，腹部有浓淡相间的方格状花纹。因玉米蛇身上的花纹与玉米穗上的花纹相似，故而得名。通常，蛇的颜色及花纹越鲜艳意味着它的毒性越大，但玉米蛇却是蛇类家族中颜色艳丽而无毒的一员。寿命约为12~15年。

玉米蛇喜欢栖息在农田里，白天常常躲藏在洞穴或岩石下，傍晚或黎明时出来捕食。玉米蛇主要以鼠类、鸟类等为食，也爱吃蛋类，胃口很大。

玉米蛇性情很温顺。经过训练调教以后，它可以待在主人的手上而不伤害主人。现在，越来越多的人喜欢把它们当作宠物来饲养。

看不见的盲蛇

盲蛇，顾名思义，它们的眼睛是看不见的。盲蛇主要分布于热带、亚热带，我国云南、海南岛也有分布，国外则主要分布于东南亚各国。盲蛇的身体细小，一般不到15厘米。但我国云南还分布有一种大盲蛇，身长50厘米左右。盲蛇的尾巴很短，长度仅为4~5毫米，几乎看不出来，身体呈棕色，外形与蚯蚓很像，所以也叫"蚯蚓蛇"。

盲蛇的视力不佳其实是由它们的生活习性所决定的，因为它们常年穴居在土壤中，眼睛已经退化成黑点状的感光眼点。但是医学专家们对盲蛇的眼睛进行解剖后发现，原来它们的眼睛藏在鳞片下面，眼很小，已经失去感光作用了。盲蛇没有脚，但进行解剖时，还是发现其曾经有脚的痕迹，也隐藏在体内。这证明盲蛇的祖先也有四只脚，只是因为长期的洞穴生活退化了。

盲蛇喜欢生活在腐木或石头下、岩缝间、落叶堆和垃圾堆等阴暗潮湿的地方，有时隐藏在人们住宅附近的花盆中。盲蛇一般在白天休息，晚上出来活动，雨后活动更为频繁。盲蛇行动敏捷，喜欢到树根、灌木丛的根下吃蚂蚁和小蚯蚓、昆虫幼虫及虫卵。盲蛇的繁殖方式为卵生，每次产卵3~8枚。

喜欢追捕鼠类的滑鼠蛇

滑鼠蛇有很多别名，如"黄土蛇""乌肉蛇""水南蛇""水律蛇""草锦蛇""黄闺蛇""锦蛇""南蛇""黄缎蛇"等，主要分布于我国华南、华东和西南地区。

滑鼠蛇最长可达2米以上。其身体背部为深棕色或灰棕色，身体后部有不规则

的黑色横斑，至尾部形成黑色网状纹。滑鼠蛇无毒。

滑鼠蛇通常生活于海拔800米以下的平原、山区、丘陵地带，田基、坡地、沟边以及居民点附近常可见到。它们的行动非常迅速，昼夜活动，以鼠、蛙、蜥蜴等为食，也吃其他的蛇类，但也常常沦为眼镜蛇的猎物。当然，滑鼠蛇最喜欢吃的还是鼠类。当它们发现鼠后就会紧追不放，如果鼠逃入洞中，它们也会紧跟其后，将其捕获。如果鼠的洞口比较小，进不去，那它们就会在洞口静静等候。一会儿后，鼠会探头探脑地出来观测一下敌情，这时，只要鼠在洞口一探头，滑鼠蛇就会以闪电般的速度将其抓住。

滑鼠蛇每年5~7月产卵，每次产卵7~15枚，50~70天孵化，雌蛇有护卵习性。每年11月至次年3月为冬眠期。

百花锦蛇

百花锦蛇别名"百花蛇""白花蛇""花蛇""菊花蛇""红头锦蛇"，主要分布于我国广东、广西等省区。

百花锦蛇全长可达2米，重约1~2千克。其头部呈赭红色，形状像梨，与颈部有明显的分界线。百花锦蛇的背部为灰绿色，正中有红棕色镶黑边的大斑块，并交错排列有彩色小斑。它们的尾部有灰黑色和橘红色相间的横斑，腹面为白色，有黑白相间的方格斑。

百花锦蛇生活在山区，经常在山间的田边、沟谷、坡地及熔岩地带的岩洞等处活动。它们昼夜活动，动作迅速，主要捕食鼠类，也吃蛙、蜥蜴等。

百花锦蛇肉味鲜美，除去内脏后可泡酒作药用。

百花锦蛇为卵生生物。野生数量有限，禁止随意捕捉。

头上写有"王"字的王锦蛇

王锦蛇也叫"臭王蛇""菜花蛇"。王锦蛇分布很广，我国除东北外，其他地区均能见到，其体长可达2米以上。

王锦蛇无毒。成体体型粗大，头部鳞片的四周均为黑色，中央黄色，头部前端看起来有呈"王"字样的黑色花纹。它们的背面呈暗黄绿色，鳞片的颜色为黄底黑边，腹面为黄色，有黑色斑纹，肛腺奇臭。

王锦蛇通常栖息于山区和平原，性情活跃，动作迅速。它们性情凶猛，以各种蛙类及其他蛇类为食，甚至还吃自己的幼蛇。

王锦蛇为卵生，每年7月产卵。

赤链蛇

赤链蛇也叫"赤楝蛇""红斑蛇""火练蛇""火赤炼""桑根蛇"等，属有鳞目游蛇科。赤链蛇头部扁平，呈椭圆形，头顶有对称的大鳞片。其吻鳞高，从背面可以看到。赤链蛇体型较粗大，背面呈黑色，有60个以上的红色杂斑，斑上杂有黑点。它们头顶后部有"人"字形红纹，腹部为白色，在肛门前面则散生灰黑色小点，有时尾下全呈现灰黑色。赤链蛇体色艳丽，可作观赏动物。

赤链蛇生活在平原、田野、丘陵、河边及近水地带，也出没于住宅周围。以树洞、地洞、坟洞为家，或居住在石堆、瓦片下，野外废弃的土窑及其附近。赤链蛇昼伏夜出，属夜行性蛇类，多在傍晚出没。其性凶猛，但无毒，以鼠、蜥蜴、鱼、蛙、鸟为食，也捕食其他蛇类。

赤链蛇属卵生动物，全国各地均有分布。野生数量有限，禁止随意捕捉。

可食用的蛇——三索锦蛇

三索锦蛇,属游蛇科锦蛇属,主要分布于我国云南、贵州、广西、福建、广东等省区。这类蛇的形体较为匀称,全长1~2米。三索锦蛇背部为浅棕色或黄棕色,腹部则呈淡棕色。从眼睛处斜向下放射出三条细黑纹,体侧有三条黑纵纹,背侧一条较宽,中间一条较窄,腹侧一条不完全连续,至体中段后逐渐消失。

三索锦蛇通常栖息于平原、丘陵、山区地带,喜欢在塘边、田野、草丛、石堆等处生活,昼夜都活动。它们主要捕食鼠类、蛙类、鸟类和蜥蜴等,也吃蚯蚓。

三索锦蛇受惊时,身体前部会竖起,像眼镜蛇一样发出"咝咝"声。

三索锦蛇是广东、广西著名的食用蛇,还可配制供药用的三蛇酒和五蛇酒,能治疗风湿病,蛇胆也可入药。

蟒

蟒，也叫"金花蟒蛇""黑斑蟒""南蛇""埋头蛇""王字蛇""蚺蛇""印度锦蛇""金华大蟒""琴蛇"等。在国外主要分布于印度、印度尼西亚、缅甸、越南、老挝、马来西亚、柬埔寨等国，在我国则主要产于广西、云南、广东、海南、福建等地。

蟒无毒，其头部较小，眼睛也小，瞳孔直立，为椭圆形，头部和颈部的分界线很明显。它们是蛇类中体型最为庞大的一种，体长5~8米，最重可达50~60千克，身躯粗大，体表布满了镶着黄白条纹的黑色斑块。蟒全身覆盖着细小的鳞片，身体背面为褐色至黄色，中间有一列棕红色，有黑边，近似多边形的大斑块，两侧各有一列较小的斑块镶嵌排列。

蟒肛孔两侧有一对似爪状的角质构造，这说明蟒蛇原来是有脚的，后来逐渐退化了。这种后肢虽不能用来行走，但还能自由活动。

蟒一般在夜晚活动，偶尔也在白昼出现。它们经常在河流、湖泊及沼泽附近的湿润石地中活动，或倒挂在树上，或盘在动物经过的路上，还擅于游泳和潜水。蟒

通常以鸟类、昆虫类及小型哺乳动物为食，也吃其他蛇类。和许多蛇类一样，蟒的头部也有一个特殊的被称为"颊窝"的热敏器官。它们能够觉察到附近温血动物散发出来的热量，这使它们即使在黑暗中也能轻易地捕捉到猎物。

蟒对温度的要求较高，喜欢温暖的环境，害怕寒冷。当气温达到25℃～30℃时最为活跃，20℃时则很少活动，15℃时就会处于麻木状态。如果温度长时间维持在5℃以下时它们就会冻死。当然，温度太高也不行，那样会将它们热死。气温超过35℃时，它们就会到阴凉潮湿的地方去乘凉。

蟒的繁殖期在每年的4～6月。冬眠过后它们就会立即开始寻找配偶并进行交配，然后雌性开始产卵，母蟒一次可以产卵30多个，每颗卵的重量在75～100克左右。蟒的卵和鸭蛋差不多大，白色，其卵壳不像常见的鸡蛋、鸭蛋的壳那么硬，而是又软又有韧性。母蟒产卵时，让卵分层排列，类似于水果摊上的水果摆放，然后，它会将身体盘曲起来并把卵围在中间。此时，它的体温会比平时高出4℃～6℃，以便用体温来帮助小蟒孵化，这大概需要两个月的时间。在这期间它不吃不喝，耐心等待着小蟒的出世。小蟒从破壳到爬出蛋壳需要1天左右的时间。小蟒刚出壳时才半

米多长，生来就会爬行，并且从出生起它们就要开始自己独立生活。

蟒的模样凶狠可怕，毒蛇见到它也不敢靠近。但它们性情温和，并不伤人，是一种能驯化的动物。蟒虽然形体庞大，但它们的隐蔽能力较强，所以不容易被发现。从理论上说，蟒是具有吃人的能力的，但实际却很少有关于蟒吃人的真实记录。人与蟒相遇时，只要人保持不动，蟒并不会主动向人发起攻击。即使人将其惹怒后，它们也只是将身体盘曲，竖起头，张口伸舌而已。

蟒一般在每年10月底进入冬眠状态，这期间它们会隐居在树洞、石穴之中，不吃不喝也不动，依靠自己在越冬前储存于体内的脂肪来维持生命，直到来年4月才会出来活动。

蟒具有很高的经济价值，肉和卵均可食用。蟒皮的质量也很好，厚而坚，用途广泛，不仅可以加工制作皮带、皮夹和表带等工艺品，还能用来制作各种三弦、胡琴、手鼓等传统乐器。

此外，蟒蛇胆有清热的作用，可治小儿发热；将蟒的脂肪炼成油后可治冻疮、皮肤皲裂及水火烫伤；蟒蜕有杀虫的功能，主治恶疮、疥癣等；血还可以用来治疗风湿等症。

巨蟒如何捕食

巨蟒捕食的时候一般会在地面上、山溪间或树干上盘作一团静静等候猎物的出现。当猎物出现并靠近时，它们便会慢慢地将头、颈抬起来并向后收成"S"形，找准时机并迅速将猎物一口咬住。它们一般是先咬住猎物的头，然后用身体将其紧紧缠住，直到猎物被咬死或不能挣扎时再将其吞食。对于体型较大的动物，它们就会用身体将其紧紧地绕上好几圈，直到猎物被勒死以后，才会松开身体将其吞食。

由于巨蟒的下颌骨与头骨的关节非常松弛，下颌左右两半和口腔各部位之间的韧带极富伸张力，口能张开到130°以上，咽喉也富有弹性，胸部没有胸骨，体壁可以自由扩张，所以即使是比它们的头大好几倍的动物，也能被其囫囵吞咽下去。

巨蟒是肉食性动物。大到鹿、野猪、野羊，小到鼠、鸟、鱼、蛙等，都是它们的猎物。有时在野外找不到食物，它们还会潜入村庄农舍偷吃猪、鸡、鸭等家畜家禽。它们的消化能力很强，除了兽毛、牙齿等，猎物身体的其他部分都能被消化掉。它们的食量还会随饥饿程度、气温的变化而增减，吃饱以后可以很长时间不再进食，有时竟能长达几个月。巨蟒之所以有这种奇特的本领，原因就在于它们是变温动物。它们的体温会随着环境温度的变化而变化，不需要像恒温动物那样为了保持自己的体温而耗费大量的能量。如果遇到没有什么东西可吃的时候，巨蟒就会把它们的能量消耗自动转换到节能的档次上。等猎物出现时，巨蟒才会突然凶猛起来。一条5米长的巨蟒，可以一次吞下一只完整的小鹿，然后再用好几个月的时间去慢慢地将其消化。

 蜥蜴

认识蜥蜴

蜥蜴俗称"四足蛇"，也有人叫它"蛇鼻母"。蜥蜴与蛇类有亲缘关系，二者也有许多相似的地方。蛇即是由蜥蜴目动物进化而来的。

蜥蜴的种类繁多，世界上大约分布有3 000种，我国已知的有150余种。蜥蜴的生活环境多样，主要分布在热带和亚热带，在这两个气候带生活的蜥蜴由于气候温暖，可终年进行活动。但在特别炎热和干燥的地方，蜥蜴也会夏蛰以躲过高温干燥和食物缺乏的恶劣外部环境。在温带及寒带生活的蜥蜴，冬季则会进入休眠状态。

有的蜥蜴喜欢树栖、半水栖或在土中穴居，但最多的还是陆栖。它们多数以昆虫为食，也有少数种类兼食植物。蜥蜴大部分是靠产卵来繁衍后代，但有些种类已经进化，并且可以直接生出幼小的蜥蜴。

蜥蜴的肺很发达，但具体的呼吸过程与哺乳类动物不同。一般哺乳类动物吸气是主动的，呼气是被动的。蜥蜴目的呼吸周期一般是肋间肌收缩，使胸廓缩小而开始主动呼气，接着产生被动的吸气，直至肺内的气压与空气中的气压相等。

许多蜥蜴都有一种很奇特的自截本领。在遭遇敌害或受到严重干扰时，它们常常会断掉自己的尾巴，借断尾不停地跳动来吸引敌害的注意，自己则趁机逃之夭夭。这是一种逃避敌害的保护性措施。自截可在尾巴的任何部位发生，但断尾的地方并不是在两个尾椎骨之间的关节处，软骨横隔的细胞终生保持胚胎组织的特性，可以不断分化。所以，即使尾巴断开后，新的尾巴又会从这里长出来。再生尾中没有分节

的尾椎骨，而只是一根连续的骨棱，鳞片的排列及构造也与原来的尾巴不同。有时候，蜥蜴的尾巴其实并没有完全断掉，于是，软骨横隔又会从伤处不断分化再生，产生另一条尾巴，出现分叉尾的现象。

我国壁虎科、蛇蜥科、蜥蜴科及石龙子科的蜥蜴，都有自截与再生能力。

蜥蜴的另一个比较特殊的地方就是能够变色，这是它们为了生存，在长期自然选择的过程中所形成的一种本领。蜥蜴的变色能力很强，特别是避役类因其善于变色而获得"变色龙"的美名。我国的树蜥与龙蜥多数也有变色能力，其中变色树蜥在有阳光照射的干燥地方，全身的颜色都会变浅但头颈部发红，当转入阴暗潮湿的地方后，身体的红色会逐渐消失，通身颜色逐渐变暗。蜥蜴的变色并不是一种随

意的生理行为，而是与温度的改变、光照的强弱、动物本身的兴奋程度以及个体的健康状况等有关。

事实上，它们并不能彻底地改变自己身体的颜色，只能根据光线的变化相应地改变颜色的深浅。同时，它们身体的颜色还和它们自身的情绪有关，一条发怒的变色蜥蜴的体色会变深，而一条受惊的变色蜥蜴的体色则会变得比较苍白。

变色蜥蜴在捕食时，都是事先变化自己的体色，使其与周围的环境相似，然后一动不动地隐藏好自己，等待昆虫和其他小动物进入自己的捕猎范围。这时，变色蜥蜴就靠弹射出来的舌头来捕获猎物。它们的舌头弹性很强，伸出的长度甚至比它们的头部和身体加起来还要长。并且它们的舌头还有黏性，一眨眼工夫，就能粘住猎物并将其送入口中。

雄性变色蜥蜴拥有自己的领地，它们通过威吓或发怒来赶走其他的雄性。变色蜥蜴的肺里有许多气管通向身体的其他部位，深呼吸以后，它能够使整个身体膨胀起来，看上去比实际更大、更可怕。

蜥蜴不会从墙上掉下来的原因

蜥蜴无论是在竖直的墙壁，还是在光滑的玻璃上都能如履平地。这一现象引起了科学家们的兴趣，经研究发现，蜥蜴并不像我们所想的那样，其脚上没有吸盘，也没有能排出黏性液体的腺管。其实它们是利用分子或原子在距离非常近时所形成的吸引力，将自己的身体附着在墙壁上的。

蜥蜴的每只脚上都有5个脚指头，每一个脚指头下面都分布有很多纤细的毛，这些毛的顶端又会分出数百到几千根微小的纤毛，这些纤毛的直径只有人类头发的1/10。当蜥蜴在墙壁上行走时，这些多达几十亿根极为细小的纤毛能近距离接近墙壁，以致它们与墙壁的距离只有原子大小，这样墙壁物质的分子与纤毛分子之间的吸引力就使蜥蜴紧紧地贴在墙壁上。

虽然每根纤毛产生的力量微不足道，但累积起来就很可观。根据计算，一根纤毛能够提起一只蚂蚁的重量，而100万根纤毛虽然占地不到一个小硬币的面积，但却可以提起20千克的重量。如果蜥蜴同时使用全部纤毛，就能够支持125千克的重量。科学家说，实际上，蜥蜴只需使用一只脚，就能够支持整个身体而不摔下。

巨 蜥

巨蜥也叫"圆鼻巨蜥""四脚蛇"。在国外分布于泰国、缅甸、印度尼西亚、马来西亚及澳大利亚北部等地，在我国则分布于广西、云南、广东、海南等地。

巨蜥是我国蜥蜴中最大的一种，全长近2米，尾长约占全身长度的3/5，体重一般为20～30千克。巨蜥全身长满细小的鳞片，头部窄长，舌头也很长，前端分叉较深，四肢粗壮。巨蜥背部为黑色，杂有黄色斑纹；腹面为淡黄色或灰色，有黑色斑纹分布；尾部则为黑黄相间的环纹。巨蜥趾上长有锐利的爪，尾侧扁如带状，很像一把长剑，尾背鳞片排成两行矮嵴，不像其他蜥蜴那样容易折断。

巨蜥以陆地生活为主，喜欢栖息于山区的溪流附近或沿海的河口、山塘、水库等附近。它们昼夜活动，但在清晨和傍晚最为活跃。巨蜥虽然体型很大，但行动灵活，不仅善于在水里游泳，还能攀附矮树。所以，它们不仅可以捕食水里的鱼虾类或蛙类，也可以到树上捕食昆虫、鸟类及鸟卵，偶尔也吃鼠类及其他动物的尸体，捕获不到食物时就会爬到村庄里偷食家禽。巨蜥的胃像个橡胶皮囊，很容易扩大。成年巨蜥一顿就能吃下相当于体重80%的食物，所以，巨蜥在餐前和餐后的体重相差很大。

巨蜥在遇到敌害时会一边鼓起脖子，使身体变得粗壮，一边发出"嘶嘶"的声音，并吐出长长的舌头恐吓对方，或者把吞食不久的食物喷射出来引诱对方，自己则乘机逃走或立刻爬到树上隐藏起来等等。但更多的时候，巨蜥会选择与对方搏斗。搏斗时，巨蜥会先将身体向后移动，面对敌人，摆出一副格斗

的架势。在相持一段时间后，再慢慢靠近对方，把身体抬起，出其不意地甩出自己长而有力的尾巴，向对方抽打过去。它们的尾巴很有力量，很多小动物都会丧身其下。如果对方过于强大，它们就会爬到水中躲藏起来，并且能在水中停留很长时间。所以，在云南西双版纳，当地居民都叫它"水蛤蚧"。

巨蜥的产卵期在每年的6～7月。它们会先在岸边找好一个洞穴或是树洞，每次产卵15～30枚，40～60天后，靠自然温度孵化出幼仔。但若在野生状态下，卵的孵化期可长达一年。巨蜥的寿命一般可达150年左右。

因巨蜥具有很高的经济价值，遭到人们的肆意捕捉，使原本数量较少的巨蜥已经到了灭绝边缘。巨蜥是国家一级保护动物，早在1989年，巨蜥就已被列入我国《国家重点保护野生动物名录》，同时还被列入《濒危野生动植物种国际

贸易公约》。目前，我国不仅建立了巨蜥保护区，同时还鼓励人工饲养繁殖，以此来拯救数目稀少的巨蜥。

科摩多巨蜥

　　科摩多巨蜥又称"科摩多龙"，属于爬行纲蜥蜴目巨蜥科。科摩多巨蜥因发现于科摩多岛而得名。科摩多岛位于印度尼西亚的一个叫努沙登加拉的群岛，该岛长40千米，宽20千米。科摩多岛的自然环境很适合科摩多巨蜥的生长。

　　科摩多巨蜥是世界上最大的蜥蜴。它们的体长最长可达3米，重150千克，算得上是蜥蜴王国中的"巨人"了。成年的科摩多巨蜥，一般身长3.5~5米左右，体重100~150千克。它们皮肤粗糙，生有许多隆起的疙瘩，没有鳞片，身体呈黑褐色，口腔很长并且有巨大而锋利的牙齿。它们的声带很不发达，即使是在被激怒的情况下，也只能听到它们发出"嘶嘶"的声音。但是，它们的嗅觉却十分灵敏，能闻到1 000米内腐肉的气味。

　　科摩多巨蜥喜欢生活在海岸边潮湿的森林地带，在岩石或树根之间挖洞居住。它们是肉食性动物，白天出来觅食，通常会以那些已经死去的动物腐肉为食，但成体也吃同类幼体和捕杀水牛、野猪及鹿等动物，偶尔也会攻击和伤害人类。它们食量很大，平均每天能吃6~8千克的食物。幼体主要以昆虫、小型哺乳动物、爬行动物和鸟类为食。

　　捕食猎物时，科摩多巨蜥凶猛异常，奔跑的速度极快。它那巨大而有力的长尾和尖爪是捕食动物的"工具"。成年的巨蜥用自己的尾巴就能将一匹健壮的小马扫倒，然后一口咬断马腿，将马拖到树林中吃掉。巨蜥的唾液中含有多种高度脓毒性细菌，受到攻击的猎物即使逃脱，也会因伤口引发的败血症而迅速衰竭直至死亡。它们还会将吃不完的猎物埋在沙土或草丛中，以

便留着下顿再吃。猎物的味道也会引来其他四处觅食的巨蜥，它们纷纷前来想要分享猎物。分餐是有规矩的，在一群科摩多巨蜥中，通常年长而且体型较大的才有优先进食的权利。它们会用强壮的尾巴击打年幼者，使之不能接近食物。顺从者或"亲朋好友"其次，陌生的食客通常被安排在最后就餐。科摩多巨蜥进食时常狼吞虎咽，尽其食量而吃。有时吃得太多，需要消化六七天才能再次进食。

　　科摩多巨蜥和大多数爬行动物一样，为卵生。它们先在比较干燥的山丘上挖好洞穴，然后将卵产在里面，每窝产卵5~20枚不等，卵为白色，到第二年的四月孵化。科摩多巨蜥的寿命一般在40年左右，长寿者可以活到百岁以上。

眼睛会喷血的角蜥

在北美洲墨西哥的沙漠地区，蜥蜴不仅种类繁多，而且长得奇形怪状，色彩艳丽。其中有一种表皮坚硬的叫作"角蜥"的蜥蜴，它们可以在沙面上匍匐爬行，并且能将挖掘出来的沙土堆垒在自己的背部，然后潜入沙中，仅露出头部休息，或伺机捕食蚂蚁等昆虫。角蜥的鼻孔内有一层膜，当它们潜入沙中以后，这层膜能保护它们的鼻腔不会灌入沙土。沙漠早晚的温差变化很大，白天阳光强烈时，角蜥会躲在沙土下休息，夜间天气太凉时，它们就会将自己藏在沙地中保持体温。因此，只有在温度适宜的时候，它们才会出来活动、觅食。

角蜥的身形和蟾蜍很像，所以也叫"角蟾"。它们的身上都有一排尖角和骨刺用来保护身体。角蜥很勇敢，当它们遇到敌人时很少逃跑，而是选择正面面对敌人。

角蜥浑身上下呈沙色，与沙漠环境的色调一模一样，隐蔽性较强。不管是凶狠的大型爬行动物，还是鸟类或其他动物都很难发现它们。角蜥利用保护色，不仅可以对付敌害，还能迷惑猎物。它们常常待在一处按兵不动，敌人就很难发现它们，

并且会不知不觉地走进角蜥的捕猎范围，这时候它们就会张大嘴巴，将猎物一口吞下。

角蜥全身长有许多鳞片，这些鳞片又尖又硬，每一片都像一把锋利的匕首，这是角蜥的重要防御武器。例如蛇吃猎物时都是先吞吃其头部，但是当一条蛇要吞吃角蜥时，刚刚吞下角蜥的头部，它的喉咙就会被角蜥脖子上匕首状的鳞片刺穿。这时，就算它想吐出来也已经来不及了，因为角蜥的鳞片穿刺方向与蛇欲吐出食物的方向正好相反。最终，这条蛇就会因流血过多而死去。

角蜥只有在遇到非常危险的情况下，才会将自己最有特色的防身本领施展出来。当猛兽企图用脚爪擒住角蜥，并准备吃掉它们的时候，角蜥就会大量吸气，使身体迅速膨大，致使眼角边破裂，然后从眼睛里喷出一股殷红的鲜血来，射程可达1~2米。敌害会被这迎面射来的鲜血吓得惊慌失措，角蜥就可以借机逃走。

鳄蜥

鳄蜥的头部较高，体型与蜥蜴相似，颈部以下的部分，特别是侧扁的尾巴很像扬子鳄，所以被称为"鳄蜥"。鳄蜥是我国的特产物种，分布范围也较小，仅产于广西大瑶山一带和金秀瑶族自治县附近，所以又名"瑶山鳄蜥"。

鳄蜥体长15～30厘米，尾长20～25厘米，体重50～100克。鳄蜥全身为橄榄褐色，体背有6～7条暗黑色的较宽横纹，横纹到达体侧时又一分为二，身体侧面为桃红或橘黄色。鳄蜥的四肢比较粗壮，靠近体侧的一面密布着突起的黄白色粒状细鳞，指背有数行小鳞片，呈"人"字形排列。

鳄蜥一般栖息在海拔不高的沟谷或是水流较缓的水坑中。鳄蜥隐蔽自己的能力非常强，它们通常选择灌木丛，其树叶边缘多为锯齿形，与鳄蜥的尾部类似，岩石及树干的颜色也与鳄蜥的体色类似。夜间，它们一般在距离水面1米左右的灌木树枝上休息。鳄蜥休息的样子很有趣，四肢紧紧抱住树干，仰着头，闭着眼睛，一动不动。如果不晃动树枝，用手在鳄蜥背上抚摸，它们都毫无反应，因此，它们也被叫作"大睡蛇"。但是如果触动了树枝，它们就会立即本能地翻身落入积水坑中藏起来，潜水时间可达20分钟之久，然后将吻部外露到水面换气，因此又有"落水狗"的俗称。鳄蜥被捉住后还会装死来保护自己，即使将它腹面朝天，它也一动不动。

鳄蜥平时隐藏在洞穴里，每天清晨和傍晚时出来活动和觅食，主要捕食小鱼、蛙、蝌蚪、蠕虫和昆虫等。发现猎物后，它们便会鼓动眼睑，伸出小舌头，悄悄地接近猎物，然后迅速扑上去，用嘴咬住猎物，再慢慢地将其整个吞下去。如果猎物体型较大，它们就会先用前肢将其按住，以防止逃脱，再吞吃。鳄蜥同类之间还经常争夺食物，互不相让，甚至相互咬断尾部，直到将猎物撕开为止。

鳄蜥需要怀孕9~10个月来繁衍下一代。第二年的5~6月气温回升时，怀孕的雌性鳄蜥从冬眠中苏醒，就开始在陆地上或水中产仔。每次产4~8条，在1~2天内产完，未受精卵也在产仔时产出。但如果遇到气温变化等原因，产仔时间也会持续3~4天。幼体出生10天后就能自行捕食，独立生活。

刚出生的鳄蜥幼体体长10~13厘米，体重2.7~4.5克，形态与成体相似，只是体色稍深，头顶部有一明显的三角形嫩黄色斑块，9个月后才会消失。3.5~4岁时达到性成熟。

雌性在生产后大部分时间喜欢在水中栖息，三天后食欲恢复正常。但它们并不看护幼体，有时幼体爬到背上，它们也不闻不问，让幼体自行生活，到繁殖期时则再次接受雄性的追逐和交尾。有时雄性还会吞食幼体。

温度下降，鳄蜥就开始准备冬眠了。通常在9月下旬天气转凉时，活动便开始减少。10月休眠状态增加，随即转入冬眠。一般在温度为15℃左右时开始冬眠，时间长达4~5个月。在冬眠期间如果阳光充足，气温较高，它们有时也会出来活动。

可供观赏的鬣蜥

鬣蜥，俗称"绿鬣蜥"，是一种大型蜥蜴。鬣蜥的种类很多，它们的共同特点是：在不同的环境中，体色会随着周围色彩的改变而改变，所以人们又将它们称为"变色龙"。鬣蜥属于美洲鬣蜥科美洲鬣蜥属。鬣蜥的种类很多，主要分布于北美洲、中美洲与南美洲等地区。

鬣蜥的眼睛呈塔状，可以看到不同方向的目标，它们的舌头一伸一缩，只要1/4秒的时间，就能准确地捕食到昆虫。鬣蜥一般以花瓣、果实、草、树叶及海藻为食。

鬣蜥的外表看起来比较凶猛，但实际上，这些样子丑陋的家伙非常胆小，而且性情温驯。不过，如果是在交配季节，鬣蜥就会变得非常善斗，两只鬣蜥争斗时会用尾巴鞭打对方或用头上的鬣鳞驱赶对方。优胜者就可以占有大块领地，并能和自己的配偶一起快乐地生活。其他雄鬣蜥如果不能用自己的武力击败为首的鬣蜥的话，就根本得不到交配繁殖的机会。几千年来，这种优胜劣汰的交配法则对保持并提高鬣蜥的种群素质起到了相当重要的作用。

长鬣蜥

　　长鬣蜥的尾巴比头和身体加起来还要长，故而得名。在我国广西、云南、广东等地比较常见，国外主要分布于中南半岛等地。长鬣蜥是蜥蜴类中体型较大的一种，其体长可达15厘米以上，尾长可达30厘米。

　　长鬣蜥背脊正中有一行发达的鬣鳞，从颈部开始，直达尾部中段。它们的体色常为暗绿色、橄榄色或浅棕黑色，但也能随着周围环境的改变而改变，故又有"变色龙"的别称。长鬣蜥躯干部有2~3个"A"形浅色纹，尾部有明显的黄、棕色环纹。

　　长鬣蜥生活在热带低海拔湿热河谷的树上和灌木丛中，在炎热的夏夜常伏在沟边竹叶上休息。它们善于游泳，以昆虫、小鱼等为食。

　　目前长鬣蜥的野外数量已经很少，并且被列为云南省珍稀保护动物。

有剧毒的毒蜥

毒蜥是蜥蜴目毒蜥科唯一的一属，主要分布在美国南部及墨西哥等地区。毒蜥的毒液不像毒蛇那样是从牙齿里分泌的，它们的牙齿仅仅是作为咬伤猎物的工具。毒蜥的下颌有毒腺，毒液通过导管注入口腔，再经牙齿的沟注入被毒蜥咬住的伤口内。人被毒蜥咬伤后有痛感，但极少致命。

毒蜥身体粗壮，体长约60厘米。毒蜥头略扁，躯干和尾呈圆筒形，尾巴肥大，可以储存大量脂肪，以备食物匮乏时吸取。毒蜥的身体为黄色或橙色，体表还分布有暗色的网纹。尾上也分布有黑色环纹。下颌前方具毒矛，有沟，与吻腺变成的毒腺相通，毒性颇为强烈，足以使小型哺乳动物死亡。

毒蜥喜欢栖息于干燥的沙漠和有岩石分布的地区。白天，为了躲避干燥地区的炎热，它们一般都藏在洞里，晚上才会出来活

动、捕食。毒蜥以小型哺乳动物以及其他种类的蜥蜴为食。最喜欢吃鸟卵，它们也会用其强有力的爪子挖食蜥蜴卵和蛇卵。

　　每年7月是毒蜥的交配繁殖期，交配后，雌性会于7月末到8月中旬在开阔地带挖掘深约12.5厘米的洞穴，然后在穴中产3~7枚白色的卵，其壳薄而粗糙。孵化期28~30天。

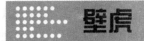
壁虎

会断尾自保的壁虎

壁虎，也叫"黑虎子""守宫""麻蛇子""蝎虎"，属于蜥蜴目壁虎科，为古代民间所说的"五毒"之一。全世界约有670种，广泛分布于各大洲的热带、亚热带及温带地区。

壁虎的头比较大，皮肤柔软，身体肥短，四肢柔软且常具趾垫，大部分体长为3~15厘米。壁虎主要栖息在山岩或荒野的岩石缝隙、石洞或树洞里，有时也在人们住宅的屋檐、墙壁附近活动。

壁虎在白天的视力较差，怕强光刺激，晚上，它们的视力会增强，瞳孔可以扩大4倍。所以壁虎多在夜间活动和觅食，主要捕食昆虫和蜘蛛等小动物，少数大型壁虎也以小蜥蜴、老鼠或小鸟为食。

夏秋季节的晚上，壁虎常出没于有灯光照射的墙壁、檐下、天花板或电线杆上。白天则潜伏于壁缝、瓦角或橱柜背后等隐蔽处，并在这些隐蔽的地方产卵。壁虎的生殖方式为卵生，每次产卵2枚。

遇到敌害时，壁虎会自断其尾以自保。它们的尾巴易断，但能再生，因为它们的尾椎骨中有一个光滑的关节面，连接着前后

的尾椎骨，这个地方的肌肉、皮肤和鳞片都比较薄，所以壁虎在受到攻击时，便会剧烈地摆动身体，并且强有力地伸缩尾部肌肉，造成尾椎骨在关节处发生断裂，以此来迷惑敌人，逃避敌害。断尾以后，它们断面的伤口很快就会愈合，形成一个尾牙基，在经过一段时间的细胞分裂增长期后，新的尾巴就长成了，但与原来的尾巴相比，显得短而粗。不过，壁虎只在迫不得已时才会断尾，因为断尾不仅会失去尾巴上储存的脂肪，而且还会因此失去它在同类中的地位。尤其是在求偶时，尾巴完整的壁虎比失去尾巴的壁虎更具优势。

壁虎在每年的3～11月间活动比较频繁，到12月的时候，壁虎开始在岩石的缝隙深处冬眠，它们会在第二年的天气转暖后醒来。

壁虎的其他生理特征与蜥蜴类似，但是有一点不同：壁虎没有大脑，它的头部是中空的，两耳之间什么也没有，它们的中枢神经系统位于脊髓中。所以从壁虎的一只耳眼看进去，可以直接看到另一只耳眼的外面。

壁虎的药用价值很高，可治中风、痉挛等，其干制品称为"天龙"。在明代李时珍所著的《本草纲目》中，壁虎被称为"仙蟾"，有止咳定喘、镇痉祛风、补肝肾、益精血及发散消肿的功效。目前中医常用其来治疗面浮身肿、心脏性喘息、肺结核、神经衰弱、老人虚弱性喘咳、老年性慢性支气管炎等症。

小知识

"五毒"

民间传说中的"五毒"，分别是蝎子、蜈蚣、壁虎、青蛇和蟾蜍这五种动物。

其实这是古人对壁虎的一种误解，因为壁虎是无毒的。就像鹤顶红是无毒的东西，却被认为是剧毒一样。

民间认为五月是五毒出没的时节，民谣说："端午节，天气热，'五毒'醒，不安宁。"每到端午节，民间会用各种方法来预防五毒之害。一般在屋中贴五毒图，以红纸印画五种毒物，再用五根针刺于五毒之上，即认为毒物已被刺死，再也不能横行了。这是一种辟邪的巫术遗俗。民间也有在衣饰上绣制五毒，在饼上缀五毒图案，均含驱邪之意。有的地方，人们还会做五毒剪纸，贴在门、窗、墙上，或系在孩子的胳膊上，以避诸毒。

沙漠壁虎

沙漠壁虎，顾名思义，是生活在沙漠里的壁虎。它们的指爪很长，脚指头间连着一层蹼。它们用带蹼的脚像滑雪似的在沙地上滑行，哪怕沙地再柔软，也不会陷下去，并且不会留下一点足迹。这对没有什么防卫能力的沙漠壁虎来说，实在是一个非常完美的优点，因为这关乎沙漠壁虎的生命安全。除此之外，带蹼的脚还能帮助沙漠壁虎迅速地钻进柔软的沙子里。

沙漠水源稀缺，经常喝不到水，但是沙漠壁虎有个很奇特的本领，它们可以通过皮肤吸收水分。沙漠壁虎非常珍惜每一滴它们能够得到的水，清晨时，它们会用舌头舔食石头上的露水，就连眼睛里流出来的泪水，它们也会赶紧用舌头舔到嘴里去。

会变色的动物——避役

避役俗称"变色龙"，是一种树栖型爬行动物，以捕食昆虫为生。避役主要分布于非洲，其中以马达加斯加岛上的分布量最多，少数分布于亚洲和欧洲的南部森林中。

避役的外形比较奇特，头顶上长着头盔似的突起，腹部和背部都披有并排的颗粒状装饰鳞。有的避役头上还长有2~3个角或其他突起物。避役的眼睛像一对球似的突出在眼眶外面，一只眼睛向上或向前看时，另一只眼睛却可以向下或向后看，这样，它们的眼睛既能注视猎物，又能同时观察周围的环境，以防遇到天敌或捕食者。

避役主要在树上生活，在进化过程中形成了发达的四肢和短粗的趾。它们的趾向相对的方向靠拢成爪状，这有助于它们牢牢地抓住树枝，以适应在树上的生活。它们的身后还拖着一条长长的尾巴，尾端蜷曲，可以牢牢地缠绕在树枝上，使身体稳定。

避役的舌头又细又长、尖端膨大，舌头的长度甚至超过了自身的体长。它们的舌头平时缩入口腔内的鞘里，捕食时舌内血管快速充血，舌肌收缩，能极快地直射出来捕食昆虫。当发现前方有猎物时，避役就会慢慢靠近，在爬到距虫子还有20~30厘米的地方时，瞄准目标，并迅速地从口中吐出蠕虫状的舌头。它们舌头的尖端富有黏液，可以准确无误地把虫子击中、粘牢并送回到嘴中，几乎百发百中，其速度之快甚至不到1秒，真可谓是"迅雷不及掩耳"。避役主要以蝶、蚊、蝇、蝗虫等为食。

　　避役能根据气温、光线的改变及敌害对其的威胁程度等来改变体色。避役之所以能够变换颜色，取决于它们皮肤里的各种色素细胞，这些色素细胞服从神经中枢的指挥，按照神经中枢的命令改变皮肤的颜色。当避役的生活环境改变时，神经中枢就会根据周围环境的颜色向色素细胞发出命令，让它们随之改变皮肤的颜色，与环境颜色相一致。

　　所以，避役的体色在白天一般为灰绿色，有时身上还散布少量黑点和褐斑。但到了晚上，它们的身体颜色就会呈现黄色，并点缀着深黄色的斑块。当它们在激动时，身体表面还会显出栗斑和金色的闪点，但是在它们狂怒时金色闪点又会隐藏起来，转变成墨绿色。

　　避役大多数种类为卵生，有的种类是卵胎生。它们会到陆地上产卵，每次产卵2~40枚，卵埋在土里或腐烂的木头里，孵化期约为3个月。

变色龙与仿生

　　在动物世界中，不同环境里生活的各种动物，为了保护自己不被其他动物伤害，都有各种不同的体色。这种同生活环境相协调的体色，对动物本身起到了一种保护作用，因此叫"保护色"。

　　它们有的具备高超的伪装术，能把身体模拟成与树枝、树叶、花朵一样的形态；有的能使自己身体的颜色与周围的环境融为一体；还有些动物有着一套善于变换体表颜色的特殊本领。其中，变色龙被人们称为动物世界的"伪装之王"。

变色龙的外表看起来很丑陋，浑身呈灰黑色，布满了疙瘩，遇到敌害时，会装出一副具有威胁性的姿态：发出"咝咝"的声音，把肺扩张开来，使身躯变大，外表变成凶猛的样子，以此来吓退敌人。当然，变色龙最拿手的本领还是"变色"，它能在一昼夜间变换6~7种颜色。

原来，变色龙的皮层内含有各种特殊的色素细胞——一个变幻无穷的"色彩仓库"，贮藏着蓝、紫、红、黄、绿、黑等各种色素，可以根据光线强度、温度和性情来改变颜色。当遇到威胁时，变色龙的肌肉会不断地收缩或扩张，色素细胞受到刺激，随之集中或分散，由于色素细胞的作用和反射光波的长短不一，就出现了与环境色调相一致的肤色。

变色龙行动缓慢，这是它的一大弱点，但由于有了这种巧妙的伪装，敌害就很难发现和捕食它。也就是说，变色龙通过变色来伪装自己，不仅可躲避敌害，还能捕捉食物。

变色龙的杰出变色技能给人们带来了很大的启发。科学家仿照变色龙，制成了一种既能自动改变颜色，又能始终与环境保持一致的军装。这种军装是用一种对光线变化很敏感的化纤原料织成布后制成的。士兵们穿上这种军装，就可以巧妙地隐蔽自己，极大地方便了部队在野外行军作战。

马达加斯加变色龙

　　马达加斯加变色龙的行动十分缓慢，它们靠脚和尾巴抓住树枝爬行，眼睛可以多方向地自由移动，全方位地观察周围的环境。马达加斯加变色龙主要以昆虫和蜘蛛为食。在捕食时，它们主要靠那具有黏性的舌头，舌头的长度甚至超过了身体的长度。

　　马达加斯加变色龙在孵化后，短短七周内就能达到性成熟。最新研究发现，马达加斯加岛的一种小型变色龙其一生有2/3的时间待在变色龙蛋里。一旦孵化，它们便开始粗暴地交配，然后在后代还没出世之前，自己就死了。

　　成年的马达加斯加变色龙不停地交配，然后到第二年的4月，在旱季刚刚到来前无一例外地全部死亡。临死之前，雌变色龙会产下大约12个蛋。这些蛋在地上要孵化8个月，到11月初，小变色龙集体破壳而出，如此周而复始。

七彩变色龙

七彩变色龙，原产于马达加斯加岛北部，在我国台湾地区较为常见。现在多作为宠物被饲养，十分受欢迎。

七彩变色龙是高地热带雨林动物，因此需要温暖湿润的生存环境，温度约在24℃~28℃左右，湿度约在70%左右。

七彩变色龙的食量很大，一天能吃掉10只左右的面包虫、蟋蟀、蚱蜢等昆虫。饲养七彩变色龙时，要注意食物搭配的多样化，单一的食物种类会让七彩变色龙没有食欲。同时，钙粉和维生素是不可或缺的添加剂，否则会出现因骨骼变形的代谢性疾病而死亡。另外，还要注意食物必须足量。

七彩变色龙雌雄两性的体色并不相同，很容易辨别。雌性体型较小，鼻尖较平顺，体色以土黄或橘红为主，繁殖期会有较大变化，寿命约为2~3年。雄性体型相对较大，鼻尖凸出，尾巴根部的泄殖腔明显肿大，体色多变，寿命一般为5年。

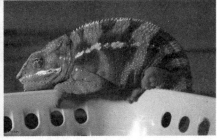

石 龙 子

石龙子属蜥蜴目石龙子科，广泛分布于各大洲的热带、亚热带和温带地区。常见于我国四川、湖南、江西、浙江、福建、广东、广西等地。它们的体型通常为圆柱形，全长约20厘米，尾长约40厘米，是体长的2倍。石龙子全身覆盖着瓦状排列的圆鳞，体表很光滑。石龙子背面呈黏土色，腹面为灰白色，有金属光泽。雄蜥的头较宽大，头、颈及躯干前部两侧在繁殖期会呈现猩红色。

石龙子主要以陆地生活为主，但也有些是树栖，或是半水栖，或是穴居。它们喜欢栖息在草丛或沙石地区，一般在白天出来活动，稍有惊扰就会迅速窜入石缝或洞穴中躲藏起来。它们以昆虫或幼虫为食，体型较大的石龙子也吃小型的脊椎动物和一些植物性食物。石龙子尾能自截，断尾后能再生。

石龙子大多为卵生，也有直接生下幼体的。

鳄鱼

冷血动物——鳄鱼

鳄鱼的祖先和恐龙处于同一时代。大约在1.4亿年以前就在地球上生存，随着地壳的变动和自然环境的变迁，恐龙家族逐渐灭绝，但是鳄鱼却顽强地存活了下来并且繁衍至今。所以，科学家也称它们为"活化石"。

鳄类属于爬行纲鳄目，世界上现存鳄类共20多种，分别属于食鱼鳄科、鳄科和钝吻鳄科。

食鱼鳄科产于印度。鳄科的种类较多，亚洲、非洲和美洲都有分布。钝吻鳄科现今全球只有2种，一种是产于北美的密河鳄，另一种是产于中国长江的扬子鳄，也是中国现存唯一的珍贵鳄类。大多数鳄类分布于热带、亚热带地区，只有钝吻鳄科的两种鳄类分布稍偏北，接近温带地区。

鳄鱼的身体表面覆盖有一层角质鳞板，鳞板下方有活动的骨质板，它们坚硬的铠甲只有人类的子弹才能射入。鳄鱼牙齿锐利且都嵌于齿槽中，四肢较短，前肢5个长趾，使鳄鱼能适应陆地的爬行生活，后肢4趾，趾间有蹼，适合在水中游泳。所以，鳄类的身体构造能适应陆地和水中两种环境，这也是鳄鱼的两种生活方式。

鳄鱼通常生活在气候温暖的水陆交接处，栖息于各种淡水或半淡水水域，产卵或迁移时离水上岸，干旱季节会钻入泥沼中休眠。成年鳄十分强健，加上身披一副坚实的"铠甲"，因此很少遭受天敌的攻击。

动物王国探秘

鳄鱼的外表看上去非常狰狞，性格也比较残暴。白天，它们一般会在树荫下休息或者到水底潜游，夜间才会外出觅食。鳄鱼行动灵活，潜水技能也很好，可在水底潜伏10个小时以上。

鳄鱼在陆上遇到敌害或猎捕食物时，会纵跳抓扑，纵扑不到时，它们就会用自己巨大的尾巴猛烈横扫。猎物一般都挡不过鳄鱼那坚硬的大尾巴。鳄鱼的牙齿看似尖锐锋利，却是槽生齿，这种牙齿脱落以后能够很快长出新牙，可惜它们不能用来撕咬和咀嚼食物。所以，鳄鱼通常都是将捕捉到的猎物囫囵吞下。如果是体型较大的陆生动物，一口吞不下，一时也不能将它们咬死的时候，鳄鱼就会把它们拖入水中淹死。同样的道理，当鳄鱼捕获到较大的

水生动物时，就会把它们抛到陆地上，使水中猎物因缺氧窒息而死。在遇到大块食物不能吞咽的时候，鳄鱼往往会用大嘴含住食物，然后在石头或树干上猛烈摔打，直到把食物摔软或摔碎成小块后再吞食。如果猎物身体太过坚硬，上述办法都不行，鳄鱼就干脆把猎物丢在一旁，任其自然腐烂，等烂到可以吞食了，再吞下去。

鳄鱼是冷血动物，呼吸消耗的能量非常少，不需要经常外出寻找食物。和鳄鱼庞大的身躯相比，它们的食量其实很小，即使是体型巨大的尼罗鳄，一天吃的食物和一只鸟的食量差不多。它们很少会捕食狮子这样的大型兽类，主要猎捕羚羊等中小型动物。当它们到河边饮水时，鳄鱼就会突然从水中窜出咬住它们的脚，并迅速把它们整个拖入水中。

繁殖期的鳄会发出比较低沉的声音，这种声音人耳是觉察不到的，当远处的异性鳄听到同类的召唤后，它们之间求偶、婚配的喜剧也就开始了。

鳄类以卵生方式进行繁殖，鳄卵与龟鳖类的卵一样，都具有石灰质的硬外

壳。一些大型蜥蜴和小型兽类喜欢吃鳄蛋，它们会趁着母鳄离开巢窝的短暂时间，把整窝鳄卵全部毁了。幼鳄弱小，没有什么抵抗能力，有时候甚至还会被其他成年鳄吃掉。因此，刚出生的幼鳄都过着比较隐蔽的生活，2～3年后，当它们长得足够大了，有了自卫能力才外出活动。

鳄的寿命很长，但究竟有多长，至今还没有一个确切的答案。已知一只人工饲养的钝吻鳄活到了56岁，科学家估计，野外生存的鳄的寿命可能在百岁左右。

小知识

鳄鱼的眼泪

自古以来，人们都知道，鳄鱼是异常凶猛且残暴的动物。但同时，人们也发现，鳄鱼在每次进食之前总会先"假惺惺"地流几滴眼泪，然后才张开血盆大口将猎物吞食。于是，人们常用"鳄鱼的眼泪"来比喻残忍而又虚伪的人。其实，鳄鱼流眼泪并不是因为伤心难过，而是因为它们的肾脏功能不完善，需要经常排出体内多余的盐分，而这个排盐的腺体恰好长在鳄鱼的眼睛旁边，所以，鳄鱼才常常"流泪"。还有一种解释是，鳄鱼的牙齿不能咀嚼食物，只能凶猛地撕扯猎物，这样往往就会刺痛喉咙和胃，也使得长在眼睛旁边的腺体受到刺激而流出"眼泪"。

除鳄鱼外，海龟、海蜥、海蛇和一些海鸟身上，也都有类似的盐腺。盐腺有助于这些动物排出体内多余的盐分。

性情温顺的扬子鳄

鳄鱼是现存最古老的爬行动物,扬子鳄则是目前世界上最古老的鳄鱼之一。扬子鳄起源于中生代,曾与恐龙一起生活了1亿年之久,恐龙家族因为种种原因灭亡了,但它们却幸运地存活了下来。

扬子鳄体长2米左右,重10~30千克,体表布满鳞片,背部呈黑褐色,腹部为灰白色,四肢粗短。扬子鳄在地面上爬行时行动比较缓慢,但在水中却非常灵活。

扬子鳄主要栖息在海滩和沼泽地的洞穴里,洞穴周围通常布满竹子、芦苇和其他灌木。

每年的5~6月是扬子鳄的繁殖期,

它们通常会在水面上交配。交配之前，雄鳄会在夜间通过江滩或沼泽地发出响亮的吼叫，以吸引雌鳄的注意。雌鳄即使是在遥远的地方，也会立即响应。一只雄鳄会与4~5只雌鳄进行交配。交配后，雌鳄就在河岸边营巢产卵，每次产卵数枚至数十枚不等，然后靠自然温度孵化。70天后，幼鳄就会从蛋壳里孵化出来。在鳄类中，扬子鳄的性情最为温驯，但在保卫其地盘、窝巢、鳄蛋及幼鳄时，却又十分凶猛。它们会张开布满尖利牙齿的大嘴，发出"嘶嘶"的声音，对入侵者表现出自己凶狠残暴的一面。

扬子鳄通常把巢建在离地面2~3米的地下，地下洞穴一般都是恒温的。扬子鳄的洞穴弯弯曲曲，结构复杂，有几个出口和分支通道，通常在池岸或河岸上开口，外面笼罩着高大的树木或茂密的灌木和野草。

扬子鳄有冬眠的习惯，从10月下旬到第二年的4月中旬，冬眠期约为6个月。如果冬眠之后的两个月内没有吃到食物，仍可存活。这是因为它们能最大限度地节省身体的能量消耗，它们总是缓慢地向前移动，常常可以数小时静止不动，并且活动的幅度很小，最大限度地减少能量消耗。

扬子鳄是我国最稀有的动物之一，为国家一级保护动物。扬子鳄曾一度栖息于淮河流域和长江中下游辽阔的淡水区里，现在已经十分稀少了。

大量开垦农田和兴修水利，破坏了扬子鳄的生存环境，而且由于扬子鳄时常袭击家禽、家鱼，破坏河堤，糟蹋庄稼，所以它们曾被认为是"有害的动物"，并遭到大肆捕杀。此外，有毒农药的大量使用造成水生动物的大量死亡，不仅减少了它们的食物来源，还使它们二次中

毒。这些原因使扬子鳄陷入濒危状态。

19世纪60年代，人们还能看到体重超过50千克的大扬子鳄，可是现在，扬子鳄的身躯越来越小。近几年，在中国已经很难找到体重在10千克左右的扬子鳄。栖息地的缩小和环境的恶化，以及人类的捕杀，对扬子鳄构成了严重的威胁，使之处于绝种的边缘。

小知识

扬子鳄的奇特呼吸功能

扬子鳄是水陆两栖动物，不仅能在陆地上生活，而且也能像鱼儿那样过完全的水栖生活。

扬子鳄在陆地上可以用肺呼吸，那么，扬子鳄在水中是怎样进行呼吸的呢？

原来，扬子鳄除了咽喉的生理机能比较特殊外，它的呼吸功能也很特别。扬子鳄的两肺有很强的伸缩性，扩张时能达到排球般大小，收缩时却只有乒乓球般大小。这一张一缩之间，体积就相差数十倍。

平时，扬子鳄会先在水面吸足空气，使两肺吸满胀足，这就可以供它们在水下潜伏数十小时而不用浮出水面进行呼吸。当其处于冬眠状态时，甚至可以连续几个月不用呼吸。所以，扬子鳄的呼吸，就在于它不是连续性的，而是出现了"通气期"和"不通气期"两种机能。

在通气期，扬子鳄进行正常的呼吸运动。在不通气期时，呼吸运动就会停止。正因为扬子鳄具备了这种异乎寻常的肺功能，才使它能像鱼儿一样长时间地生活在水中。

喜欢吃鱼的食鱼鳄

食鱼鳄也叫"长吻鳄""恒河鳄"，主要分布在缅甸、尼泊尔、孟加拉国、印度、不丹、巴基斯坦等地。食鱼鳄体长5~6米，吻部细长。雄性吻端呈球状，口两侧有明显的由牙齿构成的锯状线纹。食鱼鳄身体修长，体色为橄榄绿，吻极长，口中有100多颗大小不一的牙齿。尾部侧扁且发达有力，后脚的脚蹼很大，便于其在水中游泳。

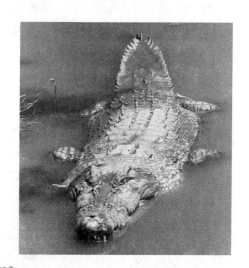

食鱼鳄喜欢栖息在河流中比较平

静的深水地带，除了到沙滩上晒太阳或筑巢外，一般不会离开水域。食鱼鳄主要以鱼类为食，故而得名，偶尔也吃较大的哺乳动物。

食鱼鳄每年3～5月筑巢产卵，每窝产卵30～90枚，孵化期为83～94天。

小知识

鳄鱼的牙签——燕千鸟

鳄鱼是凶残的动物，各种鸟类唯恐避之不及，但是，有一种小鸟却能和鳄鱼和睦相处，并且鳄鱼从不伤害这种小鸟。这就是燕千鸟，它充当着鳄鱼的"牙签"，所以又叫"牙签鸟"。

原来鳄鱼吃完东西后，牙缝就会被肉屑残质塞满，并且会慢慢地腐烂生蛆。燕千鸟经常会给鳄鱼打扫口腔卫生，它把鳄鱼牙齿间的残羹冷炙清理干净的同时，它自己也能饱餐一顿。

有时，鳄鱼睡着了，燕千鸟就会飞到它的嘴边，用翅膀拍打几下，鳄鱼就会主动张开大嘴，让小鸟飞进嘴里。有时，鳄鱼不小心闭上了嘴，燕千鸟只要在里面拍拍翅膀，鳄鱼就会张开大嘴，让它飞出来。

燕千鸟一般都在鳄鱼的栖息地垒窝筑巢，生儿育女。如果周围出现危险，燕千鸟就会警觉地一哄而散。这样，也能给鳄鱼一个提醒，以便让它做好准备，迎击来敌。

在自然界中，不仅燕千鸟和鳄有这种共生关系，还有一种小鸟和老虎也是这样的关系，它的名字叫"虎雀"。它总是在老虎的左右飞来飞去，当老虎张开大嘴休息时，这些"小家伙"就肆无忌惮地飞进老虎口中，啄食老虎牙缝中的肉屑。

马来鳄

马来鳄与食鱼鳄非常相似，所以又叫"假食鱼鳄"，俗名"马来食鱼鳄"。马来鳄主要分布在马来半岛、苏门答腊、加里曼丹和爪哇岛的淡水河流、湖泊和沼泽中，以鱼类为主食。马来鳄十分凶猛狡猾，有时甚至还会爬上渔船袭击渔民。历史上马来鳄的分布远比现在要广，几百年前还曾出现于中国南方。

马来鳄最明显的特征是口鼻部较细长，口内有80枚牙齿，大小一致。马来鳄平均体长为3米，有的长达4米。

马来鳄以往被专家认为是属于鳄亚科，与真正的食鱼鳄关系较远，现在被认定和食鱼鳄有一定的关系，应属于食鱼鳄亚科。

吃人鳄鱼——湾鳄

　　湾鳄也叫"海鳄""咸水鳄"，古称"呼雷""蛟"，广泛分布于菲律宾、新几内亚、东南亚及澳大利亚北部的热带、亚热带地区，是鳄类中唯一能生活在海水中的种类。

　　雄性湾鳄体长4~6米，重500~1 100千克，雌性较小，体长一般不超过3米，重150千克左右。湾鳄身体呈橄榄色或黑色，腹面为纯白色。它们通常栖息在入海口、海岸边、盐水沼泽地带以及河流的下游。湾鳄以各种鱼、蟹、蚌类等水生动物为生，也吃鸡、鸭、猪、牛、羊、马等陆地动物，甚至吞吃同种幼鳄。

　　湾鳄一旦吃饱了肚子，就会爬到沙滩上小睡片刻。有时也会潜入水底，一连十几个小时也不露面。虽然鳄鱼经常昏睡不动，但它们的听觉和视觉却相当敏锐。如果有动物接近，它们都能及时发觉，并出其不意

地袭击对方。

　　澳洲湾鳄捕猎时，常常会埋伏在海岸草丛或泥滩中，仅露出一双小眼睛和小鼻孔。只要一有人和动物靠近，它们就会突然冲出水面，把被捕者拖入水中淹死，然后张开有力的上下颚，一口把动物或人咬成两段。鳄鱼没有牙齿，吃食时从不咀嚼，而是囫囵吞下。有时遇到较大的动物，不能整个吞下时，它们便咬住动物的躯体，使劲在岩石或树干上摔打，直到摔成碎块，再吞而食之。而且，每条湾鳄的胃里，都装着一些石子，可以帮助消化。在澳大利亚北部和巴布亚新几内亚地区，湾鳄每年都要吞食很多大动物和一些人。所以，人们也常将湾鳄称为"食人鳄"。湾鳄生性凶猛，会主动攻击人类。据说，有人曾在非洲捕捉到一条4米长的湾鳄，剖开它的肚子，竟发现里面有八串珍珠、一对银耳环，还有一些一百多年前流行的饰物。另有一条体长5米的湾鳄，在被捕获后剖开肚子，也发现有小孩子的破衣服、银币、银手链、脚链和人的头发等。

　　湾鳄为卵生，每次会在岸边的巢穴中产卵30～40枚，最多可达60枚，如鸭蛋般

大小。孵卵期间的雌鳄极其凶恶，有护卵习性。

产完卵后，母鳄就把卵藏在事先准备好的树叶、干草之下，自己则伏在上面孵卵，连续孵60多天后，幼鳄即破壳而出。也有的雌性湾鳄会把卵放在水边的沙穴中，靠阳光照射的温度自然孵化。幼鳄出生后，体长只有24厘米左右，身体弱小，主要靠母鳄背负着去外边觅食。半年后，小鳄才能离开母鳄独立生活。幼鳄的生长速度很缓慢，要15年左右的时间才能长到六七十厘米长，即使是30年后也只有1米多长。

湾鳄的分布区域广，产量较多，湾鳄的皮还能用来制作腰带、手提包、皮鞋等。湾鳄肉可以食用，缅甸人喜欢吃鳄肉。鳄胆可入药，主治妇女不孕症。